喵

和我一起說貓話

了解貓咪在想什麼的84種方法

前言

在我懂事以前，是在小貓和小狗、烏龜和金魚等各式各樣的動物圍繞下長大的。令我印象最深刻的貓咪，是我小學高年級開始飼養的咖啡色虎斑貓「小貝」。小貝是個性格十分穩重，常會鑽進我的被窩、非常愛撒嬌的孩子。不過在面對一起生活的貓咪時，有時候也會露出嚴格指導的一面。

基本上，貓咪在我家都是可以自由進出的，所以即使是下雨天，小貝也還是每天都會出去巡邏。有時還會跟入侵我家的貓咪大打出手，帶著一身傷回來。還好，他似乎很會打架，所以不曾受過什麼太嚴重的傷。

當我長大成人、離開家後，小貝也在晚年因慢性腎臟病去世了。聽說他在生命走到盡頭時，即使已愈來愈瘦，還是表現得很有活力。

托小貝的福，我對貓咪的行為自然而然的具有深入的了解。更重要的是，我覺得自己似乎從他身上學到：跟貓咪一起生活是件非常幸福且快樂的事。

本書蒐集了許多忍不住想要對貓咪一些可愛的小動作或令人在意的行為說的話，並且從已知的範圍內對這些不可思議的行為或突然浮現在腦海中的疑問試著加入解說，也有提到一些在貓咪受傷或生病時所目睹到的行為變化。

即使身體有些不舒服，貓咪也會表現出無所謂的樣子，所以當貓咪真正露出痛苦表情時，通常都已經藥石罔效了。為了能夠永遠和貓咪過著幸福快樂的生活，主人的觀察力就成了非常重要的一環。但願這本書能成為可以深入理解你身邊這位重要伙伴的參考書，讓大家都能和貓咪過上更幸福快樂的日子。

貓的醫院 Syu Syu 院長　春山貴志

序章

忍不住想對貓咪說的話

「又搞錯了，那不是貓，是石頭啦！」

快步走在習以為常的回家路上，
繞過習以為常的轉角，
不經意的瞥向習以為常的停車場時，
突然眼睛一亮，
「啊！有貓?!」而停下腳步來，
躡手躡腳的走過去仔細一看……
那只不過是一塊大石頭！
沒錯沒錯，
我老是把這玩意兒錯看成貓。

「啊！在這在這。」

通往民宅後門的私有巷弄裡，
直覺告訴我「一定有貓」，還真的有呢。
這種狹窄的羊腸小徑反而是你們的主要幹道。
當我表現出想靠近的樣子時，
你們就會立刻逃之夭夭，只剩下頭還轉向我。
就不能讓我摸一下嗎？

「走道？聚會？」

當我打算開車出門的時候，
赫然發現引擎蓋上有無數個肉球的印痕。
因為實在太明顯，害我有些不知所措，
但又不想擦掉這些可愛的貓咪腳印。
你們都在這裡聊了些什麼呢？

「要不要來當我們家的孩子？」

黏人的程度幾乎有些不可思議，
超級友善的小虎斑貓。
雖然很想帶他回家，
但是肯定有很多人餵食，
才會長得頭好壯壯。
對你來說，外面和家裡到底哪邊比較幸福呢？

「知道了啦！知道你搆不到了啦！」

看著靈活的用後腳紮穩馬步，
拼命想要抓住螢光燈拉繩的貓咪，
一時之間讓我「呵呵呵」的笑著看了半晌，
最後還是忍不住抱起來讓他盡情玩個夠。
「我是不是過於寵溺了呢？」突然有這種自覺。

「再睡一下吧！」

當鬧鐘響起，覺得應該要起床的時候，
棉被上的貓咪正躺在我的胸口，
閉著眼睛，滿足的發出呼嚕呼嚕的酣睡聲。
「再讓你睡五分鐘吧！」
享受把手伸到貓咪小巧的額頭上，
和他說話的極樂時光。

「沒看到這個是不會回去的」

每次去動物園時，
貓科的生物總是令我充滿興趣。
正在洗臉的獅子、老虎巨大的肉球、
跟我們家的孩子同樣豪爽的打著哈欠，
就連獵豹伸懶腰的姿勢，
也跟貓咪一模一樣！
「果然是同類呢！」
令人莞爾一笑的心情。

目錄

●在街上看到會很介意的行為是？

令人怦然心動的部位

PART3 無論何時 無論何地

健健康康的我就放心了

因為總是在一起

PART1
喜歡有你的生活

「啊！原來你是隻白貓啊！」

冥冥之中與貓咪相遇，或許是受到命運的牽引吧。只能說，貓咪是靠著本身不為人知的堅強意志，從人海中選擇了你……。或許貓咪本能的知道誰是能讓自己幸福的人也說不定呢！

突然在某一天就遇見了
你當初為什麼會選擇我呢？

那是個下雨的晚上，當你從公園旁走過時，耳邊傳來「咪——咪——」的叫聲……

該不會是貓咪吧？

儘管已走過頭，但始終放不下心，豎起耳朵，於是又聽到「咪——咪——」有氣無力的叫聲。沒錯，就在這時，你被貓咪叫住了。

在哪裡呢？在哪裡呢？你把臉探進長滿雜草的角落裡尋找，發現有隻被淋得濕答答的小貓，彷彿是在說「終於等到你了」的樣子，對著你「喵……」的叫了一聲。

已經走不開了。

你肯定是不假思索的抱起那個小小身體，小跑步趕回家吧！腦海中雖然閃過「為什麼我要這麼做？」或者是「我該拿這隻貓怎麼辦？」諸如此類自問自答的問題，但當務之急還是想著要先把這隻被雨淋濕，正撲簌簌發抖的小貓帶回自己溫暖的家裡。

回到家，看到小貓髒兮兮的身體，忍不住產生想要幫他洗澡的衝動。可是小貓實在太虛弱了，可能會感冒也說不定，這時不妨把毛巾浸泡在熱水裡再擰乾，將小貓的全身擦乾淨後，馬上用大浴巾把貓咪包起來。弄乾淨後，原本看起來像鼠灰色或咖啡色的小貓，或許會搖身一變成為雪白又美麗的貓咪呢！

被那樣小巧的舌頭吸吮過之後就再也不忍心離開他了吧

不知為什麼，總會在馬路邊、公園草叢裡、停車場角落、丟垃圾的地方、田埂上等地方與貓咪相遇，忍不住撿回家，然後一起生活十幾年……。放眼全世界，除貓咪以外，再也沒有這樣的動物了呢！

再加上受到親朋好友的託付「拜託你了」，而把剛出生的小貓帶回家養的案例在內，要代替貓父母照顧剛生下不久的小貓，可謂責任重大。掌心大的身體、脆弱的生命。因為小貓什麼都還不會，所以從吃飯、喝奶到排泄，全都必須細心照顧。

「好癢喔！唔……痛痛痛痛！」

如果是撿回來的貓咪，在把身體擦乾、注意保暖以後，接下來的重點就在於補充水分。雖然很想餵他喝牛奶，但牛奶通常都會讓小貓拉肚子（雖然小貓喝得很高興），所以一開始不妨先用指尖沾水，放到小貓的嘴邊，他馬上就會巴嗒巴嗒的舔起來。要是能弄到小貓喝的奶粉，就用滴管或奶瓶餵他喝。倘若以指尖沾取，小貓也會吸吮得興高采烈。

應該有人很喜歡指尖被小巧舌頭吸吮的觸感吧！癢癢的，有時候還會被用力吸到有點痛。對小貓來說，你的指尖就等於是母貓的乳頭，小貓為了活下去，才會那麼拼了命的吸吮。喝下大量牛奶後，小貓終於卸下心防，墜入夢鄉，發出幸福的酣睡聲。

通常小貓的體內還不會有用來分解牛奶裡所含乳糖的酵素，因此即使是用市面上已降低乳糖成分的牛奶來代替，也只是暫時的權宜之計。重點在於要盡快換成貓咪專用的奶粉。

「我可以代替母貓嗎？」

撿到小貓時，最重要的是要先為小貓保暖。如果是剛生下來的小貓，必要的溫度是33度左右。不妨把毛巾鋪在紙箱裡，熱水袋放在不會直接接觸到身體的位置，再用毛巾將小貓包起來。

小貓的生命還很脆弱 請代替母貓好好照顧他

在把小貓撿回家養的時候，不妨先徹底做一次全身檢查，看看是否有受傷或生病？有沒有跳蚤？即使是乍看之下很健康的貓咪，身體狀況也有可能會突然急轉直下，所以第一要務就是帶小貓去獸醫院接受檢查。

請不要一看見跳蚤，就馬上為小貓洗澡。因為洗澡並不能將它完全消滅，去醫院接受消除跳蚤的治療還比較安心。

小貓對於冷熱比我們想像的還要敏感。當小貓體力衰弱時，就連靠自己調節體溫都辦不到。要是母貓還在身邊，就可以緊貼在母貓肚子上，母貓也會用舌頭梳理小貓的毛，此舉在保持小貓的體溫上具有一定成效。所以成為主人的你也必須代替母貓來好好照顧小貓才行。

當貓咪還是小小貓時，母貓會舔拭小貓的陰部，促使小貓排泄。因此你必須代替母貓，將面紙打濕，溫柔擦拭小貓的陰部。要是小貓因此順利排泄，你也會很有成就感喔！天冷時，不妨用毛巾把小貓包起來，幫他保暖，讓小貓只露出一顆頭，呈現「包粽子」的狀態，然後可輕輕壓一下他的鼻尖，小貓就會發出「喵——」的聲音……。久而久之，就能透過這種聲音來了解小貓的心情！

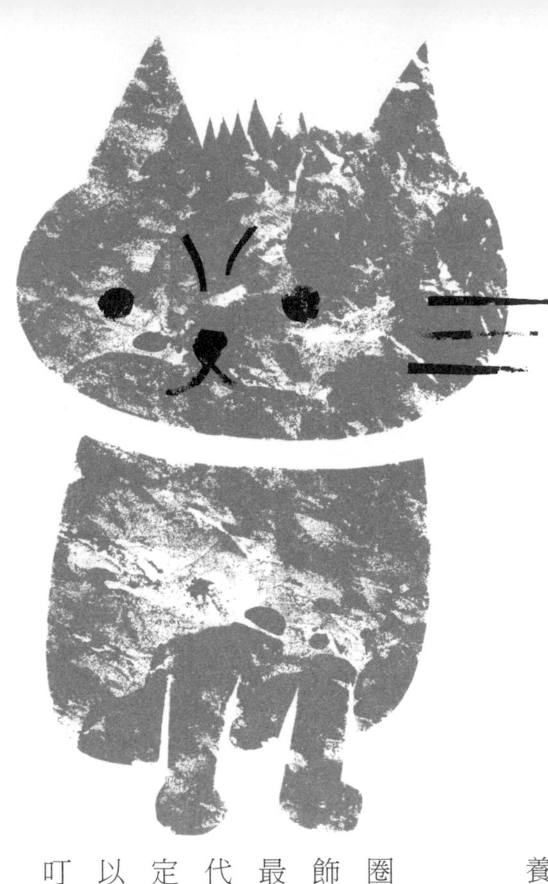

「我可以為你掛上鈴鐺嗎？」

小小的鈴鐺小貓是不會在意的但他真正的感受又是如何呢？

決定養貓以後，就會想要象徵著「這是我的貓」的證明呢！為了讓世人知道這是有人飼養的貓，不妨為小貓戴上項圈吧！

只要前往寵物店，就有琳瑯滿目的設計項圈任君挑選，有編織成幸運繩的項圈，也有裝飾著和風小東西的款式。當然，親手製作一條最適合愛貓的項圈也是個好主意！就連江戶時代浮世繪裡頭的貓咪，只要是家貓，脖子上一定會有用布做成的項圈。說到貓咪的項圈，從以前就少不了鈴鐺這玩意兒。因為可以藉由叮噹噹的聲響得知貓咪藏身之處，對於什麼地方都能躲的小貓主人來說尤其重要。

不過，也有人主張「繫鈴鐺的行為是人類的一己之私，鈴鐺的聲音會讓貓咪覺得有壓力」。實際上究竟如何呢？據說貓咪的聽覺十分敏銳，聽到的聲音可以從低周波涵蓋到高達9萬赫茲以上的超音波（人類約2萬赫茲）。這麼一來，如果每天都聽到各種聲音，豈不是會被吵得受不了嗎？但貓咪其實具有可將無關緊要的環境音（如電視的聲音或人類的對話、工廠的噪音等等）轉化成「充耳不聞」的機能。

因此，如果是細微的鈴鐺聲音，貓咪似乎很快就會習慣，並且感到不以為意。然而，真相到底如何，也只有貓咪自己才知道了。

如果是小貓的話，因為頭還很小，所以就算戴上項圈，有的也會自己掙脫。要是貓咪一直掙脫項圈，就表示這個項圈「很礙事」。若是完全飼養在屋子裡，不用擔心貓咪跑出去，不給貓咪戴項圈也是可以的。

「你害我都不能化妝了啦！」

不要拿我當練習的對象！搞到我都不能出門了啦……

出門前的化妝時間一到。當妳坐到鏡子前，小貓也會喜滋滋的靠過來站好。

接下來，從妳開始打粉底、畫眼線，再到梳頭髮的手部上下晃動……貓咪就連一個動作也不會遺漏，完全配合妳的動作，一次又一次伸出前腳，在妳的膝蓋或肩膀之間來回移動，忙得不可開交。

「忙得不可開交的人是我好唄！」

妳肯定會想要這麼說吧！早上出門上班前，在所剩無幾的時間裡，妳的手動得愈快，貓咪就愈高興、愈想找妳麻煩。對小貓來說，再也沒有什麼是

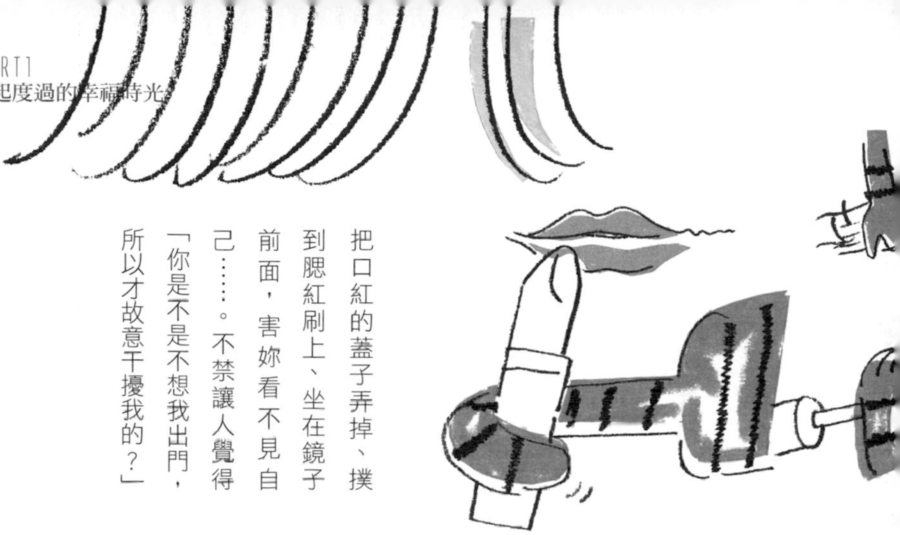

把口紅的蓋子弄掉、撲到腮紅刷上、坐在鏡子前面，害妳看不見自己……。不禁讓人覺得「你是不是不想我出門，所以才故意干擾我的？」

比會用到各式各樣的道具，手的動作也非常富有變化的「正在化妝的女性」還要理想的遊戲對象了。

更重要的是，貓咪對於會動的東西，不管是什麼都超有興趣，會忍不住想要打敗對方。小貓的玩耍基本上都是狩獵本能的訓練。妳可能已經忘得一乾二淨了，但貓咪可沒有忘記自己是「狩獵動物＝獵人」這件事。他們從出生還沒滿兩個月開始，就已牢牢記住這件事。

對於小貓初步的追逐、瞄準、飛撲、搥打訓練來說，化妝的動作是再好不過的練習對象。

在妳這麼忙的時候還來打擾，真不好意思啊！

「好害怕回家……」

剛開始一起生活的貓咪完全不管人類的作息或規矩。如果有不想被貓咪拿來玩、或者是弄壞了會很傷腦筋的東西，最好事先收到貓咪碰不到的地方。

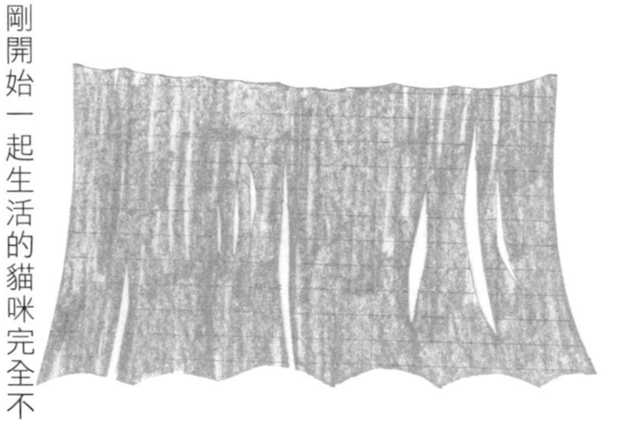

「一開門，家裡被弄得亂七八糟」讓原本期待回家的心情變成恐懼

剛開始養貓的時候，會很期待回家對吧？就連平常總是很晚才到家的父親，自從貓咪來到家裡後也開始早早回家了。即使只是一個人住，只要想到家裡有隻貓在等自己回家，心情肯定會跟回到半個人都沒有的陰暗房間裡截然不同。

只不過，真正開始養貓以後，得先面對「變得害怕回家」的考驗。那就是活力充沛的小貓或年輕的貓咪會幹的好事——把家裡弄得亂七八糟。尤其是白天時幾乎沒有人在的屋子，更是一定會遇到這個關卡。回到家、走進房間裡一看，貓飼料撒得地板上到處都是，花瓶也東倒西歪，裡頭的花折的折、斷的斷，地板上都是水，剛洗好或正準備要洗的衣服鋪滿地，蕾絲窗簾整個被垂直撕裂，廚房裡還有玩具老鼠甚至是被肢解的蟑螂屍體……。就連觀葉植物或陶瓷之類的收藏品、食材、化妝品等都慘遭破壞，家裡充滿了貓咪趁著家裡沒大人時玩到瘋掉的痕跡。

要是讓精力旺盛又無處發洩的貓咪長時間一隻貓待在家裡，可能會導致他宛如脫韁野馬般的到處發洩精力。若是已習慣跟貓咪一起生活的老手，頂多只會覺得「又來了」，但若是才剛開始養貓的人親眼目睹那副慘狀，應會得到「貓咪會在家裡沒人時為所欲為」的教訓。

一旦被挑起「戰鬥意識」就連最喜歡的玩具也難逃魔掌

不過，也不能因為得到上述教訓後就從此不出門，或者一出門就把心愛的貓咪關進籠子裡。如果說「把家裡弄得亂七八糟」是貓咪利用遊戲來發洩長時間單獨在家所累積的壓力，那麼當然也會出現所謂「夜間運動會」（指的是貓咪在太陽下山時突然開始暴走的行為）留下的惡作劇痕跡。因為貓咪在開運動會時也是旁若無人的在家裡跑來跑去，所以室內每一個角落可能都無法倖免於難。

另一方面，也有尚未達到「把家裡弄得亂七八糟」的程度，而是將破壞力集中在特定物體上，像是從寵物店裡買回來給貓咪玩的老鼠玩偶，或是兔寶寶絨毛玩具等。見到貓咪很喜歡、玩得很開心的樣子，還覺得「嘿嘿，很好很好」，沒想到回到家一看，被肢解的玩具散落在地板各個角落，還是被徹底玩到破破爛爛的狀態……。

貓咪用的玩具琳瑯滿目，而且每種玩具的材質、味道、動作……似乎都有挑起貓咪「戰鬥意識」的特點。當具有以上這些特性的玩具到了貓咪手裡，通常都逃不過被玩到破破爛爛的命運。再加上主人不在家的時間多的是，他可在不受任何人打擾的情況下，想怎麼破壞就怎麼破壞啊！

若有貓咪獨自在家自己玩也不危險的玩具，反而事先拿出來比較好喔！為了安全起見，最好也把可能被貓咪吞入的小物和附有繩子的玩具收起來。

就算是主人也不能擋到貓咪在家裡特別中意的路線

利用腳底肉球代替氣墊鞋，貓咪可以不發出一點聲音的在家優雅來去。雖然也有貓咪在狹窄的室內移動時，會大搖大擺的踩著人類的腳，但多數貓咪都會靈活跨過腳邊的障礙物。

這種貓咪在櫃子或桌子上移動時，通常都會用前腳把擋住去路的障礙物撥掉。像是鉛筆、橡皮擦、眼藥水、化妝品等等，原以為「明明是擺在這裡的啊」一找之下才發現已經掉在下面的地板上了。倒也不是把擋路的東西一腳踢開，而是比較偏向於看到移動路線上的異物，會大惑不解的想說「這是什麼？」而將其

排除的感覺。但也有一看到鉛筆就一定要踢掉的貓咪，或許對他們來說，把東西踢掉的行為本身具有「好好玩」的感覺也說不定。

即使家裡不那麼寬敞，也會有貓咪特別喜歡的移動路線，要是路線上出現平常不應該出現在那裡的東西，貓咪一定會注意到。如果是兩隻貓咪以上的多頭飼養，這條移動路線也會成為他們定期性展開追逐的遊戲範圍，要是不小心把貴重物品放在那裡，不是被踩壞，就是被踢開，令人傷透腦筋。如同上一篇針對「把家裡弄得亂七八糟」的對策，收好貴重的東西，別放在貓咪看得到的地方才是上策。就算心愛的首飾不知被貓咪丟到哪去，也只能摸摸鼻子道歉：「對不起，這是你的通道對吧？」

把東西隨便放在貓咪移動路線上的我，實在是太不小心了。以後我會把你要經過的地方都收拾乾淨，請你大人不記小人過……。像這樣跟貓咪一起生活，或許能自然而然的變得善於收拾？

「啊！你學會爬樹啦？」

貓咪會開始侵略諸如餐桌上或流理台、瓦斯爐這些爬上去不太妙的地方，甚至把桌子或床頭櫃當成踏腳台，輕而易舉占領書櫃或窗簾滑軌的上方。

不要小看貓咪的能力 牠們其實跳得可高了呢！

大家都曾經有過被貓咪從意想不到的高處居高臨下的瞧著，這才大吃一驚：「咦？什麼時候爬上去的？」的經驗吧。

貓咪在野生時可是最會守株待兔的好獵人，像是潛伏在高高的樹上等待獵物，或一口氣撲向獵物時，都利用其卓越的跳躍力作為武器。貓咪之所以喜歡高處，是因體內還殘留著狩獵的血液。據說貓咪一般都可跳到比身高還要高出約5倍的高度。所謂貓咪身高，指的是當貓咪以四肢站立時，從肩膀到腳尖著地部分的垂直高度，所以如果是身高30公分的貓咪，可以跳至身高的5倍，也就是1.5公尺。也有人會說：「我們家貓咪頂多只能跳到50公分左右的高度。」那是因為貓咪失去狩獵機會，也習慣於「吃飯、睡覺、玩耍」的安逸生活，不再需要發揮跳躍能力的緣故。一旦遇到緊急狀況，還是有可能跳到非常高的地方。

像是因為驚人的跳躍力而被主人拍成影片，還一舉成為世界巨星的「喵助[註1]」。這隻虎斑貓為了用貓拳把掛在天花板上的老鼠玩具給打下來，往上跳到將近2公尺的高度。看到喵助利用其強韌的下半身，一口氣高高躍起的身影，不禁讓人再度感受到「貓咪還真是厲害的動物啊！」順帶一提，即使是平面的跳躍，喵助也可以輕輕鬆鬆的跳過196公分的距離。

註1：影片名稱為「貓咪跳高測試 原來喵星人才是跳高界大咖」

「是有這麼喜歡洞嗎？」

明明洞的另一邊什麼都沒有
還是忍不住要把手伸進去

貓咪真的很喜歡紙箱呢！一旦發現前面有個空箱子，肯定會不管三七二十一先鑽進去，聞聞味道，確認一下舒適度再說。當主人驚覺「咦？怎麼不見了？」才發現貓咪早就在紙箱裡呼呼大睡。

貓咪也會鑽進鞋盒裡。乍看還以為應該塞不進去吧！沒想到貓咪這廂便靈活的縮起身子，把全身塞進盒子，有時臉上還會露出心滿意足的表情，似對你說：「你看吧！」這到底有什麼好玩的呢？貓咪更喜歡紙箱上的洞。尤其是直徑大約4～5公分的洞，更是令貓咪難以抗拒，會不斷的把手（前腳）伸入伸出，自得其樂的試探裡頭有沒有東西。要是按壓他從洞裡伸出來的手，有的貓咪還會興奮的拼命再把手伸長。

對於貓咪來說，大小剛好是老鼠可以出沒的洞具有致命的吸引力，會讓他們本能的想把手伸進去。以前有部很有名的卡通叫「湯姆貓與傑利鼠」，裡頭經常出現湯姆貓追著傑利鼠，追到傑利鼠鑽進洞裡逃跑，湯姆貓把手伸進洞裡，發生各種慘劇（不是被補鼠器夾住手指、就是被鐵槌打到手……）的畫面。因為聰明的傑利鼠非常了解湯姆貓「一看到洞就會忍不住把手伸進去」的習性。基本上，府上的貓咪應該和湯姆貓沒什麼兩樣喔！

站在主人的角度上來看，沒有不會鑽進紙箱裡、把手伸進洞裡的貓咪。只要主人認為「真有一套」，貓咪就會表現給主人看，這種超級好懂、意外單純的行為也是貓咪的特色呢！

「你真的是嗅覺靈敏的動物嗎？」

貓咪的鼻子據說也扮演著溫度感應器及味覺感應器的角色。明明擁有這麼高性能的鼻子，卻什麼都想要湊上去聞，貓咪或許是天生的一流搞笑藝人也說不定。

有需要把鼻子湊這麼近嗎……貓咪的嗅覺基本上都是用蹭的？

據說貓咪的嗅覺（分辨氣味的能力）是人類的數萬至數十萬倍，雖然遠不及號稱是高人類百萬倍的狗，但貓咪也稱得上是嗅覺靈敏的動物，尤其是在靠味道分辨東西能不能吃的這點，具有相當優秀的能力。即使是剛生下不久的小貓，為了準確找到母貓的乳頭，據說嗅覺也是最早開始運作的機能之一。

然而，在跟貓咪一起生活時，難免會產生「你的鼻子真的很靈敏嗎？」的疑問。因為貓咪會將鼻子湊近到幾乎要貼在他上廁所時不小心掉落的糞便，檢查「這是什麼？」或是一個勁兒的聞著絕對不敢吃的超鹹食物，甚至是加了芥末的壽司。或許是因為貓咪經常會把鼻子湊到發出氣味的來源物，所以才會讓人以為貓咪的嗅覺「不怎麼樣」。

狗狗是屬於追蹤型的獵人，會藉由氣味確認遠方獵物，並以此來追蹤。另一方面，貓咪屬於守株待兔型的獵人，所以相較之下，用來收集獵物接近的聲音或叫聲的聽覺比較發達。

對貓咪來說，氣味不過是用來判斷食物新不新鮮、和同伴們進行交流、確認自己的存在或地盤的工具。貓咪之所以喜歡在主人身上磨蹭，也是基於做記號的概念，想讓主人身上永遠沾滿自己的味道，透過這種味道放心而已。

「明明是男孩子，會不會太愛撒嬌了啊？」

有人認為如果在迎接公貓第一次的發情期前就結紮的話，在成長過程中會保留小貓的性格。或許有很多公貓會覺得「人家是永遠的小貓咪」「撒嬌是應該的」也說不定。

一旦不再需要為繁衍子嗣戰鬥 公貓就會變得愈來愈愛撒嬌

總覺得愛撒嬌的貓咪多半是公貓呢！雖然也會依貓咪的個性而異，然而一旦為貓咪結紮以後，貓咪不再有發情的壓力，多半都會減少攻擊性，變成穩重的乖寶寶。

就公貓來說，原本個性粗暴、時常會發出威嚇聲的貓，一旦結紮後，多半都會變得很溫馴，彷彿回到幼兒期，散發出撒嬌黏人的氣息。當然也有既愛撒嬌又很黏人的母貓，但是即使動手術結紮，母性還是會遺留在母貓的血液裡（有的母貓甚至會把主人當孩子看待），所以較少像公貓那樣會有戲劇化的轉變。

在自然狀態下，母貓和小貓的家庭在小貓出生後6～36個月就會瓦解。當小貓長到6～12個月，（包含母貓在內的）社交性遊戲就會變成打架，打架時間會比遊戲時間還多。另外，隨著小貓逐漸長大，母貓似乎也會開始避著小貓。基於以上這些因素，母貓和小貓終究要開始各奔東西。

不過，也有些小母貓不會走得太遠，會和母貓在同一個社交圈裡和平共處。

但是公貓卻不能過上這樣的生活，必須離得遠遠的。因為牠們的本能知道自己應該要獨立生活，留下子孫。比起人類，公貓似乎更有勇氣離開父母的羽翼呢！

讓人忍不住想要吐嘈

貓咪的睡姿

「簡直就像是一顆球嘛……」

將身體蜷縮成球狀，還以為貓咪睡得正香甜呢！仔細一看，卻發現貓咪竟用前腳用力的把臉遮住。難道是在睡夢中還要抵抗，不想被任何人看見嗎？

《春山醫師的話》

當貓咪將最脆弱的肚子露出來、或者是忘記把舌頭縮回去時，就表示正處於非常放心的狀態。之所以縮成一團睡覺，可能是因為天冷不想讓熱氣跑掉吧！

「這麼信賴我不要緊嗎？」

貓咪會四腳朝天的把肚子露出來，擺出萬歲姿勢，有的小貓甚至還會半張開嘴巴或眼睛，呈現完全沒有防備的放心狀態。

「舌頭伸出來囉！」

睡到把舌頭都伸出來了。或者是正在為貓咪梳毛時，他有時也會忘了把舌頭縮回去就打起瞌睡來。

「靠在一起會比較安心嗎？」

也就是所謂的一坨貓。有的情況是好幾隻貓緊緊靠在一起，睡在狹窄的床上。看起來感情很好的樣子，令人會心一笑。

「不用特地睡在那種地方吧！」

在沙發的靠背等不安定的場所呼呼大睡。「這樣身體不會痛嗎？」雖然很想這麼問貓咪，但他本人恐怕對那個地方十分滿意吧！

「全身都放鬆了呢！」

與其說是全身放鬆，還不如說是全身無力。腳和尾巴全都無力的垂下。如果是在貓塔那種比較高的地方看到這種睡姿，還真讓人擔心貓咪會不會掉下來。

《春山醫師的話》

貓咪的睡姿會因為氣溫或睡眠的深淺等因素產生變化。靠在一起是為了保暖，全身放鬆或者是把頭貼在地板上，則是常出現在進入深層睡眠的時候。

「一邊睡覺一邊反省」

把四肢都藏在身體底下的姿勢，只有額頭緊緊貼著地面，這種睡姿簡直就像在磕頭道歉一樣。讓人忍不住想問一問：這姿勢不辛苦嗎？

6 種讓貓咪喜歡上你的方法

❶
溫柔的對待他

無論是公貓還是母貓，基本上都有些戀母情結。他們最喜歡像母貓那樣用愛守護、溫柔對待自己，且個性又穩重的人了。

❷
音調高而溫柔

由於貓咪普遍喜歡較高的音頻，所以通常都比較願意親近女生。男生不妨刻意用高一點的聲音，溫柔的跟貓咪說話吧！

❸
動作也要輕柔

從貓咪身邊走過時請躡手躡腳、步履輕盈。開關門時也請盡量小聲。讓貓咪覺得「和這個人一起生活的話可以放心」是很重要的一件事。

❹
滿足他的需求

陪我玩、讓我撒嬌、我肚子餓了……。只要能夠滿足貓咪的欲望，貓咪就會認為「這個人知道我在想什麼」而靠近。

❺
保持適當距離

個性裡同時具有害怕寂寞和熱愛自由因子的貓咪是不折不扣的傲嬌屬性。除非有什麼需要，否則還是任由著他比較好。

❻
不要找他麻煩

貓咪不喜歡有人成天黏著自己，也不喜歡和你四目相交，或直勾勾的盯著他瞧。貓咪喜歡的是不會讓自己過於緊張或警戒的人。

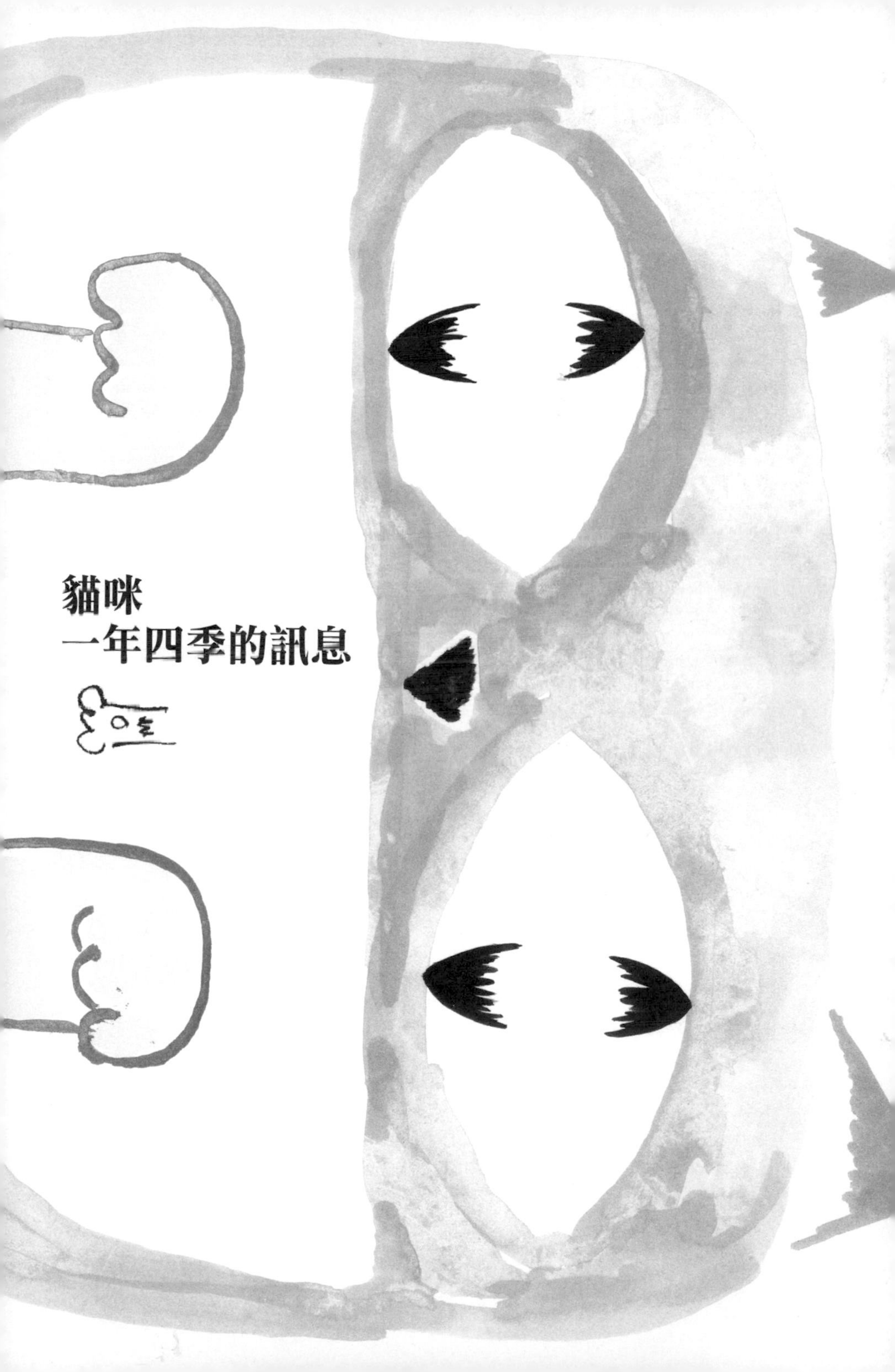

貓咪
一年四季的訊息

「討厭吸塵器？」

掉毛的季節首先要為貓咪梳毛
避免用吸塵器怪獸直接攻擊

貓咪掉毛的問題肯定可以排進主人最頭痛的問題前兩名。尤其是在稱為換毛期的季節變換之際，不管再怎麼打掃，屋子裡總會有一團團的貓毛，真是令人傷透腦筋。

換毛期本來是根據日照時間的變化出現，一般是在3月前後和11月前後。但如果把貓養在一年四季都很明亮的室內，就會永遠處於換毛期的狀態，無時無刻都在掉毛。

為解決掉毛的問題，在思考打掃的方法前，當務之急是要頻繁的用梳子為貓咪梳毛。在家裡

到處充滿貓毛以前，先用梳子或寵物按摩針梳盡可能把已準備要掉的毛梳下來。尤其是長毛貓，為了預防打結，必須每天仔細為他梳毛。

吸塵器固然是大掃除的好幫手，但是大部分的貓咪都很討厭吸塵器發出的噪音，所以請不要在貓咪睡午覺時突然打開吸塵器的開關。似乎也有貓咪會把吸塵器當成是吵架對象，歡天喜地撲上來；也有喜歡被吸塵器的吸嘴吸住，而露出肚子「吸我！吸我！」的貓咪，但這只是極少數中的少數。對大部分的貓咪而言，吸塵器還是會發出噪音、在地板上拖來拖去的討人厭大怪獸。所以在使用吸塵器時請保持「不好意思吵到你了（但也沒辦法避免啊）」的心態。

即使討厭吸塵器的聲音，一旦明白不會危害自己，還是有貓咪願意接受吸塵器的存在。只要小心一點，不要做出會讓貓咪記恨的事，例如：打擾到貓咪睡午覺，貓咪就不會有太多過剩的反應。

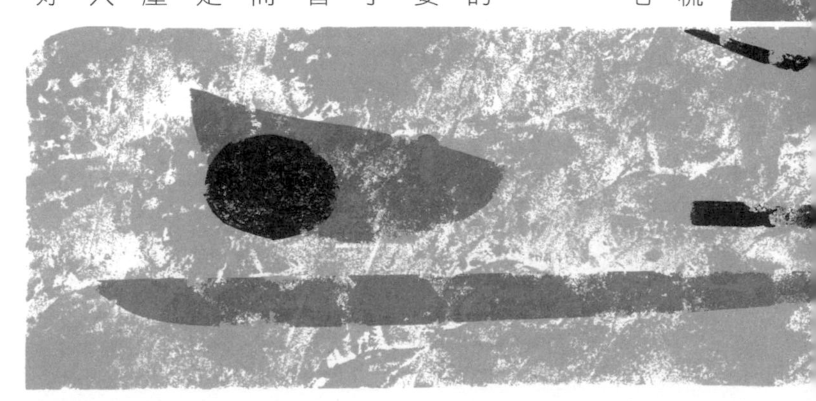

「又到了談戀愛的季節嗎？」

避孕、結紮前的貓咪在思春期要特別注意！

當貓咪發出「嗚嗯」或是「喵喔——」這種以前從未聽過的聲音，並且對著主人把屁股翹得高高的時候……。「發生什麼事了?!」貓咪總有一天會進入發情期，但對於第一次養貓（母貓）的主人而言，肯定會對愛貓的異狀感到困惑，不知道該怎麼處置才好吧？

公貓在出生後9～12個月後、母貓在出生後5～9個月後，性徵趨於成熟，成長至可交配的體質。公貓會開始出現到處撒尿的行為（在各個地方噴灑含有強烈氣味的尿液，以彰顯自己的地盤），母貓則像本文一開始所述，會發出「可以交配了」的發情訊號。

每年會有2～3次左右的發情期，公貓只要得知哪裡有正在發情的母貓，據說一年四季隨時都可以交配。野貓或可以自由外出的公貓會跑到有發情母貓的住宅四周，在其玄關或紗窗撒尿，用以代替「本大爺到此一遊」的招呼。這種尿非常臭，因為大老遠（可能是好幾公里以外）循著母貓發情的費洛蒙而來，卻不得其門而入，在心癢難耐（？）的情況下，會留下比平常更臭的尿液。

但從貓咪的角度來看，那也只不過是用來代替戀愛季節的情書。本來貓咪在成為寵物以前，就是「為了繁衍子孫而生的動物」。

貓咪的繁殖期為1～9月下旬，2～4月是尖峰期，但較常被目擊到的時間是在6～8月。每隻貓都不盡相同，但是也有一年四季都在發情，或者是一年只發情一次的貓咪。

「要記得幫貓咪降溫喔！」

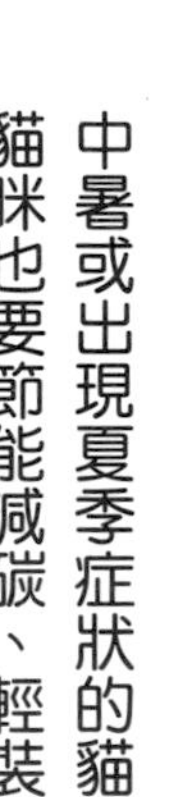
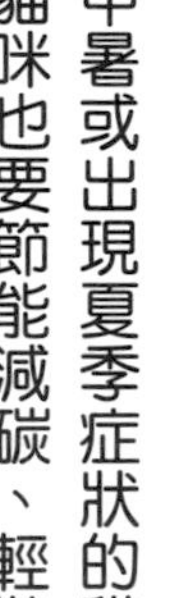

中暑或出現夏季症狀的貓咪愈來愈多 貓咪也要節能減碳、輕裝上陣

在高樓大廈之類的社區大樓裡、或者是主人白天經常不在家的環境，要特別注意夏天的中暑問題。

如果是氣密性夠高，再加上白天採光良好的房間，室內溫度可能會高達40度左右。如果在夏天出門時必須關窗，開冷氣給貓咪吹也是一種方法。但也不能太冷，所以將室溫設定在28～30度就行了（也可以只開除濕）。不要把貓咪關在冷氣房裡，事先留個可以讓貓咪躲避冷風的地方也很重要。

中暑的初期症狀為沒有食欲、呼吸速度比平常還快、體溫升高（摸耳朵會覺得燙手）等等。有的貓咪是在裝進寵物提袋裡移動時，因為高溫及反射的陽光而中暑，所以千萬要小心。

最近有愈來愈多的貓咪出現夏季症狀，像是食量明顯減少，或是把肚子整個露出、懶洋洋的貼在地板上睡覺，再也不見貓咪活蹦亂跳的身影。

若硬要說「你們的祖先不是住在沙漠嗎？怎麼可以被炎熱打敗呢？」那貓咪也太可憐了。家貓的祖先固然是沙漠貓，但是沙漠屬於乾燥地帶，潮濕的日本、悶熱的夏天對貓咪而言其實是很嚴苛的環境。更不用說貓咪一年四季都穿著一身厚厚的皮毛，本來就不是那麼善於調整體溫。

大熱天光是看到那些長毛種的貓咪就讓人覺得酷熱難當，建議帶去有美容師的寵物店或獸醫那裡，幫貓咪剪個清涼的夏季髮型吧！

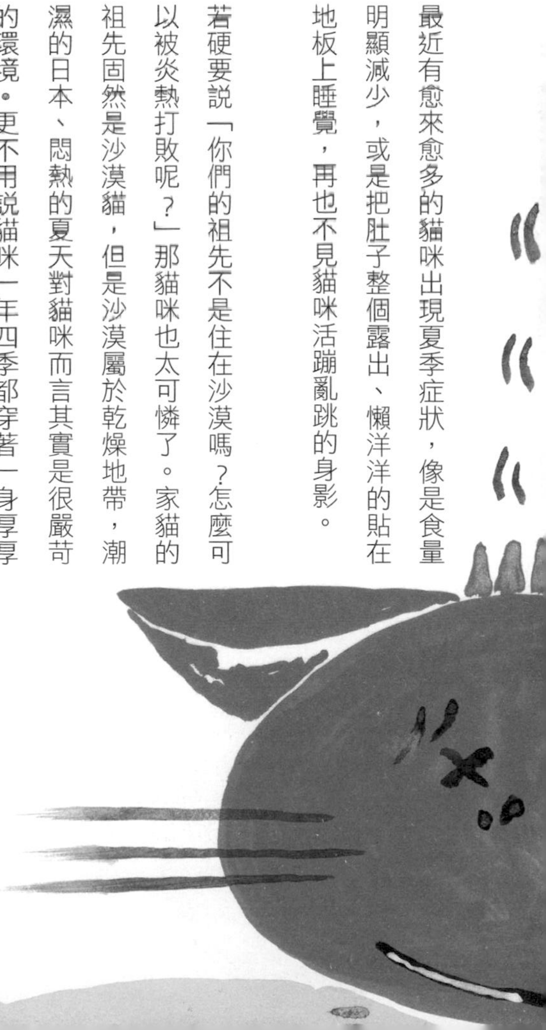

「果然在走廊上」

靜靜的待在最舒服的地方可是貓咪與生俱來的智慧

在暑氣蒸騰的夏日裡，如果遍尋不著貓咪的身影「咦？跑到哪裡去了？」通常都是一臉無辜的躲在桌子底下或走廊一角呼呼大睡。其實，只要以匍匐前進的方式，讓自己的視線高度與貓咪同高，就可以發現：貓咪所在之處，地板都涼涼的，再不然就是家裡最通風的地方。

因為貓咪沒什麼能用來排汗的汗腺（頂多只有鼻子和肉球一帶），不擅於調節體溫，也因此貓咪在尋得最舒適的場所這方面可以說是天才。天氣熱時會先找出通風的地方，在不會囤積熱氣的木質地板或磁磚地板上、架子上等地確保自己的容身之處。

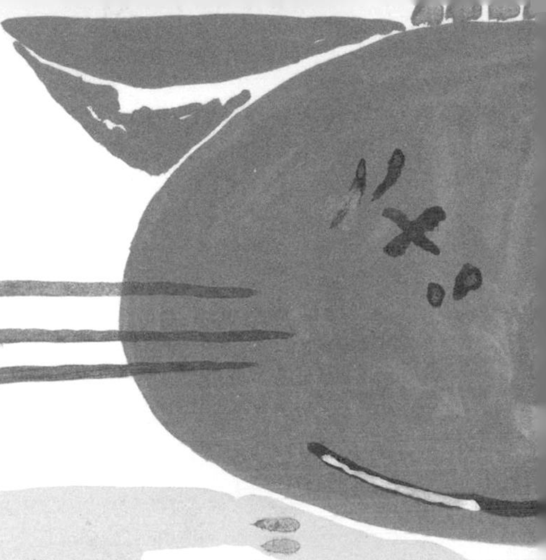

吹得到冷氣的地方雖然涼爽，但貓咪似乎不太喜歡，反而比較喜歡有自然風吹過，把風鈴吹得叮噹作響的露台或走廊。

天氣熱的時候，狗狗會情不自禁把舌頭伸出來，張大嘴巴呼吸，藉此降低體溫；但貓咪可不會做出這麼不得體的行為（萬一貓咪出現此行為，可能是健康上的警訊，請馬上帶去醫院檢查）。

話雖如此，當天氣太熱時，貓咪也會四腳朝天的躺在地上，露出肚子、打開雙腳，以非常不優雅的姿勢（俗稱露肚臍）睡覺。當貓咪擺出這樣的姿勢，什麼也不做的發呆時，就是在告訴我們：「這也是沒辦法的事，誰叫天氣這麼熱，還是靜靜待在舒服的地方最好了。」

伸出舌頭，哈哈作響的呼吸稱為「開口呼吸」。請先掌握住是在什麼樣的狀態下發現？持續多久？（或者是仍在持續嗎？）再去請教獸醫。

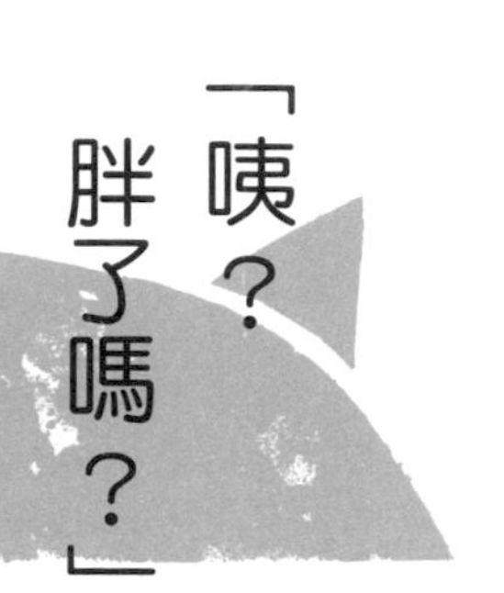

「咦？胖了嗎？」

一到秋天，當氣溫開始下降 貓咪早已悄悄換上秋裝了

一旦進入秋意漸濃、早晚開始有些涼意的季節，我們家的貓咪看起來似乎也胖了一圈，但是摸摸他的身體，明明就沒有長那麼多肉啊！

這是因為在11月左右的換毛期結束後，整身都換上冬天的毛，才會看起來大上一號。冬毛比夏毛稍微長一點，所以看起來會比較密集。

順帶一提，貓咪的被毛（毛的生長方式）分成「雙層毛」和「單層毛」兩種。雙層毛指的是在既長又結實的上層毛（外毛）內側，長出柔軟細緻、密度又高的下層毛（內毛）。單層毛

「一切都是錯覺」。當貓咪把前腳收起，坐姿像隻正在孵蛋的母雞時，看起來還會更胖！但如果是食欲旺盛，真的過胖的貓咪，就不要再拿「冬毛」當藉口了吧……。

則是指上層毛較短或者只有下層毛的貓咪。

包括雜種的日本貓在內，像是俄羅斯藍貓、美國短毛貓、阿比西尼亞貓等大部分的短毛貓品種，以及波斯貓、喜馬拉雅貓等都是雙層毛的貓咪；而暹羅貓、得文捲毛貓、土耳其梵貓等則是單層毛的貓咪。

在秋天至冬天之際，貓咪會想盡辦法，盡可能讓體毛之間多保留一些溫暖的空氣，例如曬太陽或舔毛之類的，所以到了天寒地凍的時期，看起來反而會更加圓滾滾。

貓咪乍看好像一天到晚無所事事，但其實都有偷偷下工夫喔！

「追著陽光到處跑」

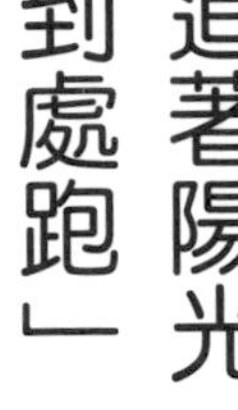

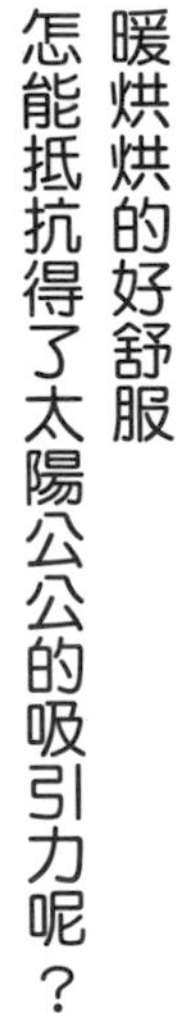

暖烘烘的好舒服
怎能抵抗得了太陽公公的吸引力呢？

若觀察過貓咪的作息，會讓人深刻感覺到：貓咪好像一天到晚都在睡懶覺呢！換算成人類的時間，似乎有三分之二的人生，甚至百分之七十以上的時間被睡掉了。

尤其是秋冬之際，只要讓貓咪找到曬得到太陽的地方，他就會躺上去睡覺。當太陽的角度逐漸改變，貓咪也會翻個身，跟著陽光移動。尤其是養在外面的貓咪，更是有好幾個自己喜歡的地方，會隨著那天的心情移動，曬太陽做日光浴。

對貓咪來說，日光浴是「藉由沐浴在紫外線下，讓

由於陰天或天氣變冷會導致體溫流失，所以貓咪會移動到比較暖和的地方，好讓體溫回升。之所以會追著陽光跑，也是為了要調節體溫。另外，沐浴在紫外線下的行為，也具有消毒被毛的作用。

皮脂腺合成出維生素D，再透過舔毛的行為，把維生素D吃進體內。維生素D可以促使骨骼堅固，所以對健康也很有幫助」的一件事。然而，最近的研究卻指出，即使沐浴在紫外線下，也別指望皮膚能合成出維生素D。

雖然讓人錯愕，但是貓咪才不在乎這些呢！只有庸俗的人類才會「基於有益健康的理由而採取行動」。對貓咪來說，之所以要曬太陽，只不過是因為陽光暖烘烘的很舒服罷了。

就野貓和養在外面的貓咪而言，做日光浴有驅除蝨子及跳蚤的效果，所以只要是好天氣就一定會曬太陽。唯獨上了年紀的白貓，極少部分患有對紫外線過敏的毛病，所以要多加留意。

「一起睡嘛！」

即使是在床上溫言請求
不吃這套的貓咪就是不吃

一到冬天，是不是有些主人會把貓咪拖進被窩裡，用來代替熱水袋呢？明明夏天時貓咪的毛讓人看了就熱，還會對貓咪說「拜託你不要靠近我」！主人這種生物還真是任性啊。

與愛貓一起躺在暖呼呼的被窩裡實為人生一大樂事，但是既然有喜歡跟主人睡在同一個被窩裡的貓咪，自然也有不喜歡跟人類同床共寢的貓咪。

有的貓咪即使主人心想「你不用過來擠了」卻還硬要鑽進被窩來；也有的貓咪就算主人求他

「一起睡嘛！」還是會從被窩裡鑽出去，躲得老遠……。就跟人類的男女關係一樣，總是不能盡如人意，勉強的話只會招來反效果呢！

貓咪願不願意跟主人一起睡覺，除了取決於主人的性格及睡相外，或許小貓的離乳期也多少有點影響。在成長的過程中沒有得到母貓充沛愛情的貓咪，不是過於黏人，就是反而變得討厭人類，有不擅與人類交流的傾向。

主人胸口的體溫會跟貓咪記憶中母貓溫暖的身體重疊，所以肯定也會有不管長到幾歲，都還想跟主人一起睡的貓咪吧！但是，如果是喜歡「各睡各」的貓咪，就別勉強他，放他自由吧！

有一種說法是：晚上睡覺時，貓咪跟人類的相對位置代表貓咪對主人的信賴指數。像是躺在主人身上或靠近頭部的地方，表示信賴指數比較高之類的。但也有可能只是單純的習慣，或是當時的心情使然。

「裝可愛也沒用喔！」

「那個，我有個請求。」貓咪只要露出若有所求的表情，就能隨心所欲擺布主人。例如側著小腦袋瓜，抬頭凝視人類，或者是眨著水汪汪、亮晶晶的眼睛……諸如此類的技巧多如天上繁星。

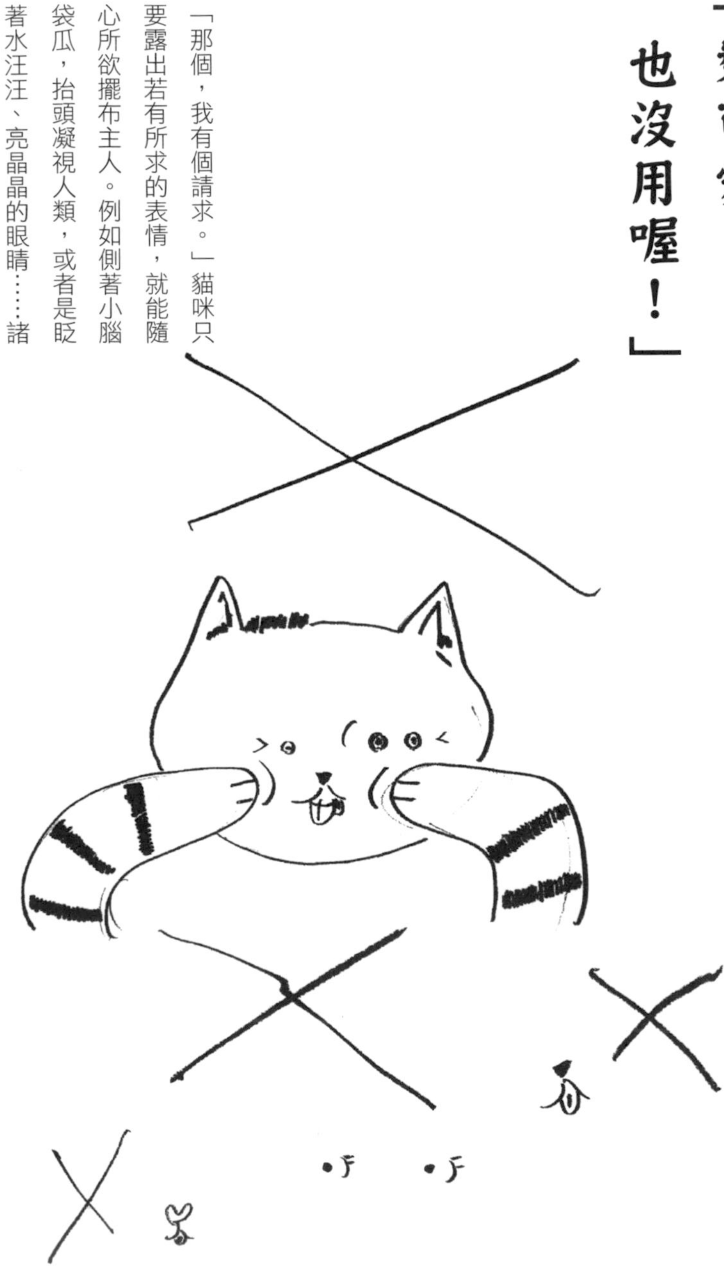

你為什麼能用那麼可愛的表情看著我啊……

一起生活的時間一長，就會發現貓咪其實有各式各樣的表情，也能察覺貓咪其實是「很多話」的動物。

用尾巴說話、用耳朵說話、用小動作說話，當然也會用表情說話。即使沒有發出叫聲，但貓咪平常就一直在說話。也有貓咪會在與主人四目相交時，裝出乖寶寶的樣子，但那並不是為了要取悅主人，而是對你有所求的緣故。

像是「這麼可愛的我都已經在向你討飯吃了，為什麼你還不從沙發上站起來呢？」或者是「我想去陽台上玩，可以幫我把窗戶打開嗎？」又或者是「我一直在等你把膝蓋打開讓給我坐喔！」總之是些很可愛的小心願。貓咪（即使是長相不可愛的）也會用自認為最可愛的表情來發出這些訊息。

就算身為主人的你覺得「又在裝可愛了」，但怎麼忍心對貓咪的小心願視而不見呢……。不僅如此，要是貓咪同時還把嘴巴張開，無聲做出「喵……」的嘴形，你肯定會變成貓奴的。

當主人無法視而不見，忍不住照貓咪的要求去做，貓咪就會逐漸把「裝可愛」的運用範圍擴大。因此，為了提醒自己，有時候你也得發出聲音來：「裝可愛也沒用喔！」

#「同步化??」

一起生活的時間一長
貓咪和主人就會變得愈來愈像

午睡姿勢、剛起床走向廁所懶洋洋的樣子簡直一模一樣，是否也有人這麼跟你說過呢？至於是跟誰愈來愈像？當然是府上的貓咪囉！

就像是相依為命多年的夫婦，不管是習慣動作還是氛圍，有時候就連臉上的表情也會變得愈來愈像。主人和貓咪一旦長時間共同生活在同一屋簷下，就算有什麼事情愈來愈像，也沒啥好不可思議的。如同一起生活了將近20年的老太太和老貓，無論姿勢或表情都如出一轍呢！事實上，猛一回過神來常常會發現，自己正和貓咪以幾無二致的姿勢排排坐，一起看電視；或者是貓咪打哈欠，自己也跟著打哈欠之類的。

如果是一個人和一隻貓的共同生活，恐怕還會有更多在無意識的情況下配合對方動作的行為吧！譬如自己在洗臉時，若看到貓咪也正用前腳洗臉，會覺得「啊！真有默契」，但這其實是「有意義的偶然（＝同步性（Synchronicity））」也說不定呢！

此外，無論主人的性格是慌慌張張、手忙腳亂，還是穩重大方、溫柔和氣，也都會影響到貓咪。因為貓咪能敏感察覺主人每一個時刻的精神狀態。共同生活的貓咪，其實也是反射出主人性格的一面鏡子呢！

同步化是彼此心意相通的證據。會讓人想相信感情愈好，言行舉止愈容易趨於一致。那或許是只有貓咪和身為主人的你才會明白的感覺。

「我是妳的小孩？」

有過生產經驗的母貓會把主人當成「自己的小孩」

在現在這個很少能同時飼養親子貓咪的時代，很難有機會親眼目睹；不過生過小貓的母貓，其「母性」其實是個很值得玩味的議題。

舉例來說，如果是在鄉下那種放牛吃草的自由環境下，就可看到母貓帶著好幾隻小貓進行各種訓練。像是扭打在一起、爬樹、打架時如何決定勝負、要怎麼抓蟲和蜥蜴、老鼠等等，母貓會透過各式各樣的遊戲，教導小貓為了活下去所必要的知識與社會性。

像這樣擁有豐富育兒經驗的母貓，一旦主

擔心的樣子、緊張的樣子，簡直就像是當成自己的小孩一樣。就連面對身為主人的你，或許也覺得「我得好好教育這個孩子」呢！

人家生了小孩（當然是人類），會在小嬰兒的成長過程中，做出「自己才是這個孩子的母親」的行為。

當小孩開始搖搖晃晃學步，母貓會跟在旁邊，檢查有沒有東西會把他絆倒。當小孩開始爬樹，母貓會一臉擔心（因為貓咪不太擅長從樹上下來）的一直待在樹下抬頭往上看，深怕小孩跌落……。當小孩發燒，看起來很不舒服時，甚至有些母貓會陪在枕邊，直到他睡著。即使是從小貓時就一起生活至今，但只要貓咪一旦有過生產經驗，大部分都會突然把主人當成「小孩子」。關於母貓的母性，讓人不禁想反問：「請問一下，我是妳的小孩嗎？」的溫馨小故事實在是不勝枚舉。

「都說不要靠那麼近的觀察了」

雖說貓咪不會取悅人類但觀察人類的態度也稍微收斂一下嘛

有的貓咪非常怕生，只要家裡一有客人，就不知道躲到哪裡去；當然也有一看到陌生的客人，就興致高昂靠過來的貓咪。一般人對貓咪普遍存在著「心高氣傲」「不會取悅人類」的印象，但是養貓的人最直接的反應是：既有符合這些印象的貓，自然也有不符合的貓。因為貓咪的性格真的形形色色，不一而足。

如果是喜歡人類的貓咪，有的會擺出宛如模特兒走伸展台的姿勢，來到坐在沙發上的客人跟前，把前腳靠攏端坐著，用打量的表情對客人送出「你是誰？」的視線。若客人說出

「你跟我家的人是什麼關係？」貓咪會露出這種狐疑的表情檢查來客。要是客人臉上有痣，還會開始一直盯著看。貓咪的小腦袋到底在想些什麼啊？

「哇！好可愛的貓咪啊！」這種讓貓咪覺得還不賴的反應時，還有的貓咪會毫不客氣的跳到客人膝蓋上，把前腳搭在客人的身體上，在非常靠近的距離內瞧著客人的臉……。也有的貓咪會爬到桌子上，坐在正和主人講話的客人正前方，直勾勾的盯著對方。觀察得這麼仔細是想幹嘛呢？如果不是那麼喜歡貓的人，可是會被看得心神不寧呢！

喜歡某種氣味的貓咪也很令人傷腦筋，雖然不會像狗狗那樣露骨的到處猛聞，但也有些很沒禮貌的貓咪會一再把鼻子湊到客人的頭髮附近或皮包等處。不管是靠得很近的觀察、還是猛聞味道，身為主人的你都得在5秒內阻止他才行。

讓人忍不住想要吐嘈

貓咪上廁所的姿勢

「比較安心？」

背對著人，以面向牆壁的狀態進入自己的世界。難道不管是貓咪還是人類，在上廁所的時候，視線範圍狹小一點會比較安心嗎？

「表情真嚴肅啊！」

正在上廁所時，會露出嚴肅、彷彿開悟般的表情。才欣慰貓咪終於懂事了，但上完後又變回在家裡興高采烈跑來跑去的小貓。

《春山醫師的話》

因為上廁所時可能會讓敵人有機可趁，所以貓咪本能上不喜歡自己的排泄行為被看見。請不要管他，靜靜放他一隻貓吧！

「我沒有在看你啦！」

因為貓咪會回過頭來，用一臉「不准看！」的表情瞪著你，所以當你不小心跟他對到視線，會覺得彷彿做了什麼虧心事……。明明就沒有在看他，為什麼還會覺得心虛呢？

「你是幾條腿派？」

把腳跨在便盆的邊緣上廁所時，即使是最高難度的4條腿派，貓咪也能靈活的取得平衡，表現出高超的技術……。

1條

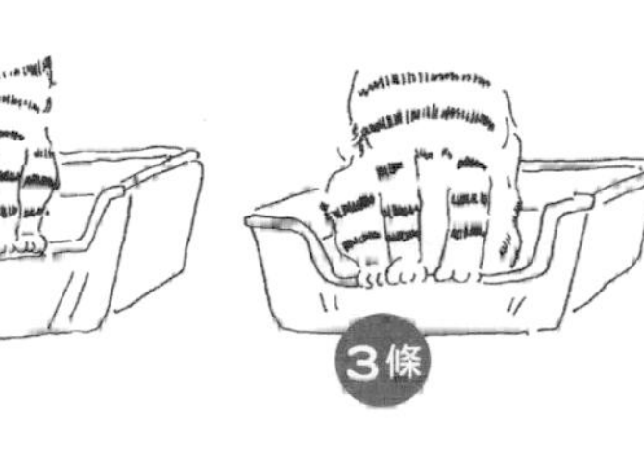

「聲音會洩漏一切喔！」

養在外面的貓咪會躲在草叢裡上廁所。但是只藏住了身體，卻不藏聲音，這到底是有沒有要躲藏的意思啊？這種漏洞百出的行為，也是你們的可愛之處呢！

《春山醫師的話》

上述情形會出現在對如廁的環境感到不甚滿意的貓咪身上。或許是因為空間太小、打掃得不夠乾淨，所以不想接觸到貓砂，才會把腳跨在便盆上也說不定。如果4條腿都跨上去的話，表示情況已經很嚴重，請馬上改善貓咪上廁所的環境。

真實存在的貓咪趣聞

盂蘭盆節的蜻蜓

這是發生在一隻名叫吉吉的黑貓身上的故事。吉吉是在田裡被撿到的黑貓，全身都是黑色，只有脖子的地方有一撮白毛。他的樣子就像是在愛爾蘭被稱為「Cait Sith」會帶來幸運的貓妖精，因而受到全家人的憐愛。吉吉是隻個性有點脫線、膽小如鼠，但又讓人捨不得對他生氣的貓，活了13年，最後因為生病去世。

吉吉死後的第一個盂蘭盆節（註：於每年八月中旬，類似台灣的中元節），從外地回來省親的家人提議在用來迎接精靈的架子上也放上吉吉喜歡吃的東西，於是便放了3條他最喜歡的烤魷魚絲。當全家人聚在一起，熱熱鬧鬧的吃午飯時，有一隻巨大的綠胸蜻蜓快狠準的飛進家裡，停在精靈架的烤魷魚絲上。「啊！吉吉回來了。」有人這麼說。「真的耶，吉吉回來看大家了。」因為這還是第一次有蜻蜓飛進這個屋子。

不可思議的還在後頭，一整個白天，那隻綠胸蜻蜓都一直待在烤魷魚絲上，沒有飛走。而且等到第二天，綠胸蜻蜓又來到精靈架上。真是隻不可思議的蜻蜓啊！全家人直到現在都還深信「那就是吉吉」。

「到底躲在哪裡偷看啊？」

在鴉雀無聲的房間裡感受到一股視線，回頭一看，兩隻小小的眼睛正從角落窺伺著自己……這種情況在跟貓咪一起生活時常發生。明明已經是再熟悉不過的關係，他們卻常會用極為客觀的視線，從某個角落注視著我們、觀察著我們。

「貓咪的記號」

當主人看到貓咪對特地為他們準備的專用貓抓板看也不看一眼，卻將剛買的家具或高級皮革拖鞋毫不留情的抓得破破爛爛時，想必會忍不住驚聲尖叫吧！可是貓咪非但對主人悲痛的尖叫聲置若罔聞，反而更使勁，以一臉「你能拿我怎辦」的表情，又狠狠抓了幾下，這才一溜煙跑開。

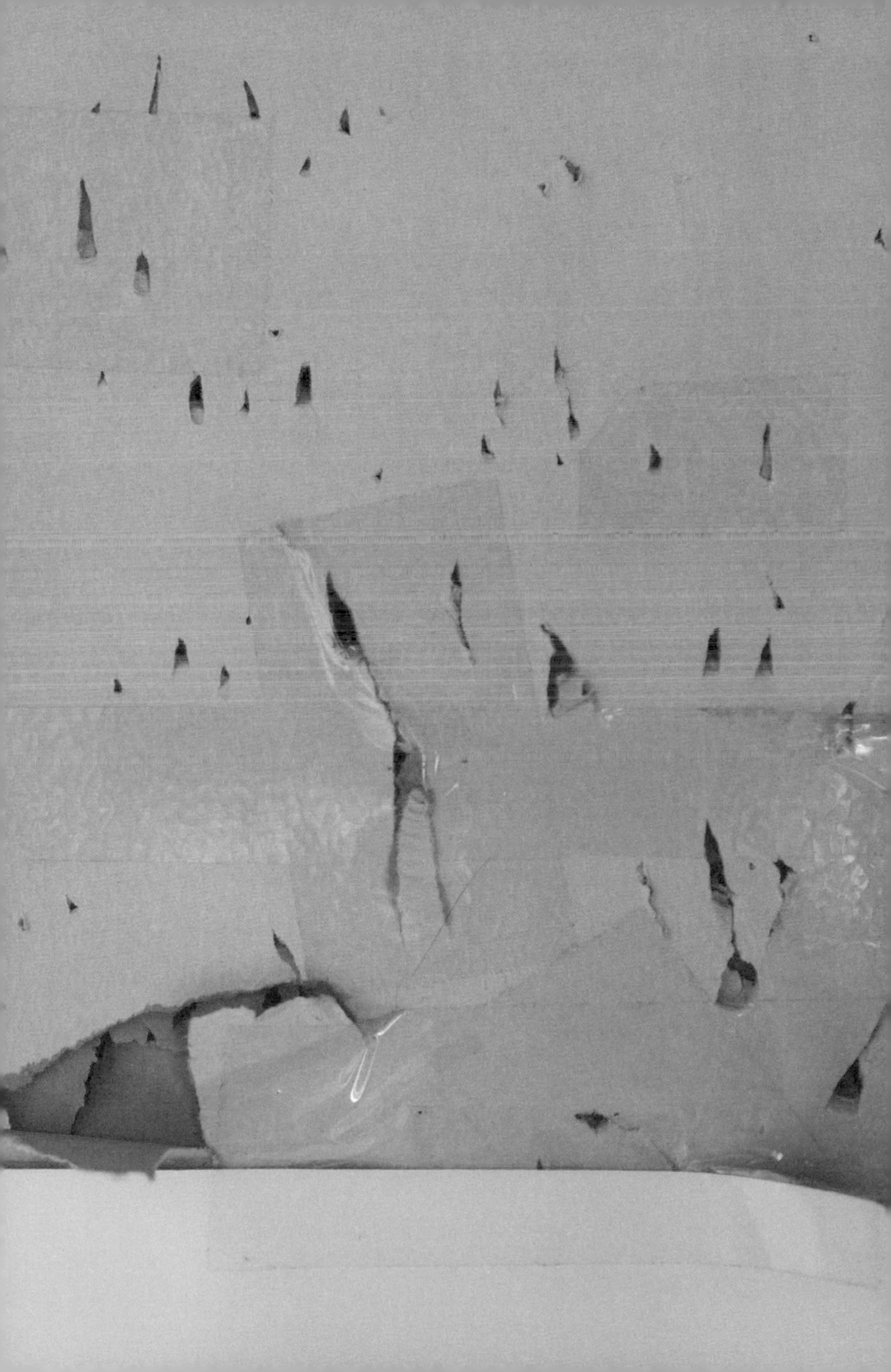

「果然還是躲在那裡呢！」

總而言之，貓咪最喜歡「箱子」了，其中又以紙箱高居排行榜的第一名。他似乎也很喜歡收納箱或堆成像一座小山的待洗衣物呢！可能是因為埋在家人和陽光的味道裡，可以讓貓咪有安全感吧！

「在黑暗中
就變成野生貓了」

等到太陽公公一下山，貓咪就會慢條斯理的開始活動，不同於貓咪平常給人「總是在睡覺」的印象，露出的是充滿野性的另一面。貓咪在黑暗中都在想什麼？都在做什麼呢？夜晚對於養在外面的貓咪來說，會變成社交場所。貓咪的「聚會」今天也揭開序幕了。

「白天總是在睡覺」

因為總是在睡覺，所以貓咪的日文發音源自於「寢子（neko）」，顧名思義，他們把大部分的時間都花在睡覺上，睡眠時間長到會讓人類大吃一驚。但是看到他們一臉幸福、看起來舒服得不得了的睡相，任誰都會覺得羨慕吧！「啊……我也想像你那樣，把一整天都拿來睡覺啊！」

「深夜的眼睛是滿月」

貓咪的瞳孔在明亮的地方會變得細細長長，在黑暗中則會擴大，變成圓滾滾的黑眼珠。但那宛如滿月一般的眼睛，具有彷彿要把人吸進去、不可思議的魅力。似乎有很多主人都認為，比起眼睛細如一條線的情況，圓滾滾的黑眼珠更可愛、更討人喜歡。

「貓咪比較愛房子？」

有一派說法是「狗跟著人，貓咪跟著房子」，但貓咪其實也很親人，對主人懷有深厚的感情。長年相依為命的貓咪和主人無論是站起來的時間點、還是打哈欠的時間點都一樣……像這樣的案例也時有所聞。

「果然還是最喜歡曬太陽」

無論是哪個季節，貓咪總會知道哪裡是最舒適的地方。像是在夏天，就會選擇涼爽的玄關或是不會直接吹到冷氣的地方。另一方面，如果是寒冷的季節，為了追求溫暖的陽光，就會待在窗邊，一面欣賞窗外的景色，一面開始一絲不苟的梳理起毛髮來。

「要孩子氣到什麼時候？」

母貓照顧小貓的樣子，常常會讓人佩服得五體投地。哺乳及排泄、梳毛這些當然不用說，也得讓小貓學習貓咪社會的規矩等等……專心致力在育兒與教育上。直到孩子離巢的時期來臨以前，都還可看到體積跟母親差不了多少的小貓在吸母奶的模樣。

「小貓只是暫時的現象」

欣賞宛如棉花般柔軟的小貓表現出小貓特有的行徑，實在是人生一大樂事。一旦小貓長成大貓，不免讓人覺得這段小貓時期實在是太短了。冷靜成熟的成貓固然也很討人喜歡，但喜歡貓咪的人還是會不時想念「好想摸摸小貓啊！」

「你其實是知道的吧？」

貓咪們理解的事情肯定比我們想像的還要多得多。對於剛出生的小嬰兒，會露出彷彿是在說「我會好好照顧你的，不用擔心」的表情。即使鬍鬚被拉扯，也不會露出半點厭惡，明白要對小嬰兒手下留情。

「要為我帶路嗎？」

不管是在家裡還是在外面，貓咪都有他們喜歡的移動路線。像是去上廁所時會沿著牆壁走；或者是穿過電視櫃後方，走向他最喜歡的睡覺用抱枕……從我們人類的角度來看，那些「根本不需要特地穿過」的地方可能是很多貓咪特別喜歡的路線也不一定。

10:46
アプリ
クリア
/メモ
1あ
2か
ABC
3さ
DEF
4た
GHI
5な
JKL
6は
MNO
7ま
PQRS
8や
TUV
9ら
WXYZ
0わ
au

「可以讓我現寶一下嗎？」

最近經常用手機來幫貓咪拍照，所以在手機的圖片庫裡，有很多引以為傲的貓咪相片。聽說也有很多人的圖片庫裡幾乎只存放貓咪的相片。不僅如此，還有好幾張「絕對不會輸給任何人」的照片，三五不時就忍不住拿出來現給別人看。

「可以靠近到什麼地步？」

一看到客人或不認識的人就會逃之夭夭，躲進抽屜裡死都不出來……像這種膽小如鼠的貓咪也在所多有。即使是乍看之下很習慣人的貓咪，還是有不能再靠近的那條線，要是不小心跨越那條禁忌的界線，貓咪就會開始翻臉不認人的跟你保持距離。這種「貓咪的傲嬌」也是他的魅力之一呢！

「還真仔細啊！」

首先從臉開始，再來是肚子、雙腳都要仔細梳理。努力的想將舔不太到的屁股和指間舔乾淨的模樣，總是能讓主人的心變得柔軟。每隻貓咪梳毛的方式都不太一樣，會表現出其性格。偶爾也會看到蜻蜓點水，隨便舔一下就交差了事，對自己的儀容不甚在意的貓咪。

「貓塔紀念日」

肯定有很多主人都曾想過，總有一天要送一座貓塔給喜歡待在高處的貓咪當禮物吧！將貓塔組裝好，讓貓咪懶洋洋的躺在上頭的那一天，肯定會高興得想要拍攝很多的紀念照片吧！

「怪怪的同居生活」

有時候會看到貓咪和鳥、貓咪和小倉鼠等本來分別屬於捕食者和被捕食者的角色組合成的異色同居生活。因為不曉得什麼時候、因為什麼契機？貓咪的本能會被喚醒，所以讓人看得提心吊膽，但是兩者間或許早就已經建立起人類無從得知的信賴關係及對話也說不定。

PART2
為這樣的你神魂顛倒

「呵呵，背影看得一清二楚了啦！」

不會記取教訓的陪玩遊戲
光是和你在一起就覺得很幸福？

透過浴室的毛玻璃門，可以看見有著明顯斜肩的貓咪背影……。貓咪會在你洗澡時來到門外，畢恭畢敬的端坐著等你洗好。

你在心裡竊笑著：「呵呵！又來啦！」然後透過毛玻璃開始玩起一貫的淋浴遊戲。當你把蓮蓬頭的熱水噴在毛玻璃上，貓咪會頻繁的伸出前腳去追逐水的影子。只要你能製造出一點變化來，像是一下子噴射出強勁的水柱，一下子從遠遠的地方噴過去，貓咪就會玩得不亦樂乎。明明經過幾十次的追逐體驗，他們應該早已知道自己是抓不到那道黑影的。

這種「不會記取教訓」的陪主人玩遊戲也是貓咪的特性之一，真是可愛得不得了呢！同樣的，圍繞在主人腳邊的行為模式，不知道該說是不會記取教訓好呢？還是一成不變好呢？像是一定會跟你去上廁所、或者是當你爬上二樓時，一定會跟著上樓（而且還硬要超過你）、又或者是當你打開衣櫥，貓咪一定會跟過來檢查……等等等等。

明明應該已經知道「不會有什麼特別好玩的事情發生」，但貓咪還是會像個跟蹤狂似的，長伴主人左右。對貓咪而言，或許光是和你一起行動，就能讓他們覺得很高興也說不定呢！

在毛玻璃的另一邊「等待」。對貓咪而言，和你玩著固定的遊戲，或許已是日常生活中習以為常的一道風景。在追求刺激的同時，一成不變的每一天或許也能讓他們感到放心吧！

「你還真的一點都沒清理耶」

在多頭飼養的情況下，貓咪似乎會利用毫不掩蓋排泄物的方式，反過來強調自己的存在感。不過，要是放任環境處於髒兮兮的狀態，可能會導致貓咪忍著不上廁所，因而有膀胱炎或尿結石的症狀，所以請勤於打掃。

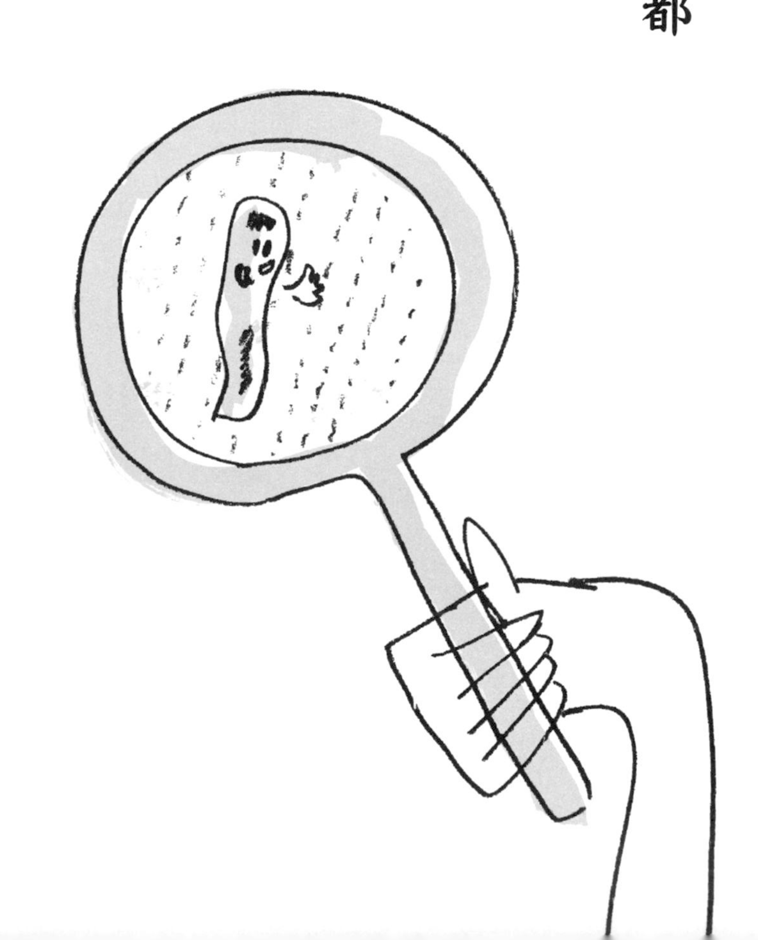

要貓咪掩埋排泄物已經不可能？不肯善後的室內貓愈來愈多

一提到貓咪上廁所的問題，不管是大便還是小便，上完之後好好用貓砂蓋起來可以說是一種常識。這點無論是住在世界上任何一個角落的所有貓咪都一樣。據說過去身為好獵人的野生貓咪，為了不讓敵人或獵物察覺到自己的存在或蹤跡，因而不留下任何味道或痕跡，這樣的習慣一直延續到今天。

然而，似乎有愈來愈多的貓咪上完廁所也不用貓砂蓋好就走人了。或許是因為貓咪習慣了被養在室內，認為「反正既沒有敵人、也沒有獵物，蓋不蓋貓砂根本一點關係也沒有」。

站在主人的角度來看，因為不掩蓋會產生味道，所以相當頭痛，不過只要勤勞打掃就能解決這個問題。或許還會有人覺得廁所裡不會再有撒了滿地的貓砂，是一件好事。

不過，有的貓咪是因為身體不舒服，不想在廁所裡待太久，所以才不把貓砂蓋好就出去，所以當貓咪在上廁所時，請在一旁仔細觀察。反之，也有些貓咪本來很容易便祕，因為這次拉得非常順利，一下子太過於高興，忘了先要把貓砂蓋回去，就蹦蹦跳跳的離開廁所。

在貓咪的健康管理上，檢查貓咪的便便和尿尿是非常重要的事。先不管貓咪有沒有把貓砂蓋回去，請徹底做好上廁所的管理。

「背部很癢嗎？」

喜歡在陽台或混凝土材質的地板滾來滾去

有很多貓咪都會在主人回來時衝到玄關迎接！而且通常都會把尾巴筆直的豎起，身體在主人腳邊磨蹭，彷彿說著：「趕快給我飯吃！」引導主人走進廚房。

除此之外，在迎接主人回家的時候，還常會在玄關的地板或台階上滾來滾去。這種表現被視為是「你回來了，我好高興」或是「跟我玩嘛」的撒嬌行為，當貓咪做了什麼壞事被罵時，或是主人似乎很無聊在看報紙時，貓咪都會在你面前滾來滾去。他們應該不是故意要表現出可愛的樣子，向主人獻媚「原諒我」或是「喜歡我」吧！當貓咪願意肚子全開的向你撒嬌，正是他全心全意信賴主人的證據。

但是當主人不在的時候，貓咪也會像這樣滾來滾去。而且多半都不是在室內滾，而是只在走廊上或混凝土地板上滾來滾去。如果是養在室內的貓咪，通常都很喜歡在陽台上玩，還有些貓咪一到陽台上，就會開始自己滾來滾去。這並不是因為貓咪的背在癢喔！或許是因為他們喜歡硬硬的地板（不同於地毯或榻榻米的質感）以及外頭風的味道吧！

貓咪一旦高興起來就會想要打滾呢！

貓咪的背部（尾巴根部附近）有分泌氣味的腺體，所以或許會想在某地確實留下自己的味道。當貓咪跑到陽台，可能會惹來跳蚤或絲蟲病、蛔蟲等寄生蟲，所以要特別注意預防。

「最上層最受歡迎呢！」

「這裡是最讓我們感到安心的地方，你要是上得來的話就上來啊！」彷彿可以聽見貓咪內心的聲音，這會讓你有一瞬間羨慕起他們來：「啊……我也好想變成貓咪，一起俯瞰這個世界。」

能有多高就要爬得多高嗎？貓塔頂端的爭奪戰

在多頭飼養的情況下，如果家裡有一座貓塔，盤踞在最高位置的貓咪通常是固定的。即使主人心想：「咦？今天換成另一隻貓了。」─也只是在原來那隻貓咪離開的空檔，偷偷坐上去一下下而已，過沒多久，等到原本的貓咪回來，就會發出威嚇的叫聲，把竄位者趕走。

貓咪喜歡待在書櫃或衣櫥上的高處，如果是在有高低差的地方，貓咪之間地位最高的貓通常會占據最高的位置，再依照地位的順序逐漸往下排。地位愈高的貓咪會霸占愈高的地方。偶爾像是感情很好的貓咪兄弟，則是會全體排排坐，從衣櫥上俯瞰這個人間。

貓咪喜歡高處的習慣從還是野生的時代就有了，狩獵時多半會埋伏在樹上，或者企圖捕捉樹上的鳥類或小動物。另外，在有可能會遭受外敵攻擊的情況下，也會迅速爬到樹上，以避開危險。因為高處的視野比較開闊，也較能好好觀察周圍的狀況。因此對貓咪而言，高處是很安全、安心、安穩的地方。

貓咪會從書架的頂端或冰箱的上方對你投以出奇平靜的視線。或許他們正在觀察忙得不可開交，總是累得像條狗的主人，並沉浸在小小的優越感裡也說不定。

「打架也要適可而止」

貓拳再加上貓踢的連環技充分發揮「小野獸」的本事

英文的貓打架（Cat Fight）是指女生跟女生打架，在美國還會再加一點性感要素，變成一種表演。換句話說，女孩間的打架就像貓咪打架一樣，非常有看頭。實際上，貓咪打架時，如果是膽子較小的主人，嚇都嚇死了！別說是制止，有的就連「正視」都不敢，非常有張力。

即使是平常懶洋洋、光會睡覺的貓咪，也沒忘了貓族人的驕傲，該發威時還是會發威。身為「小野獸」的貓咪，在打架時會顯露出各式各樣的特性，讓人再度體會到「你們果然還是挺野的呢！」以下為大家列舉幾個貓咪常見的戰鬥技巧：

不同於野貓的打架，同在一個屋簷下的家貓之所以會打架，大部分的情況都是以「玩耍」或「運動」的因素為主，但似乎也帶點「發洩積鬱」「抒壓」，或者是「上對下的教育指導」之意味。

◎**全身的毛豎立**……貓咪在威嚇對方時，會把全身毛都倒豎起來，拱起身子，讓體型看起來比較大，尾巴則有3～4倍粗。

◎**往旁邊跳**……在把全身的毛都豎起來的狀態下，身體斜斜的朝著對手的方向（這也是為了讓自己看起來大一點）橫向跳躍。雖然也是在威嚇，但其實內心通常怕得要死。小貓經常會這樣。

◎**拳打**……從伸出爪子，一連串揮拳，到握緊拳頭，瞄準對方的臉來個迎頭痛擊……招式琳瑯滿目，且多半可藉此看出貓咪是左撇子還右撇子。

◎**腳踢**……當形勢不利於自己，被壓在對手身體底下時，通常會使出這招來反擊。由於是利用具有驚人跳躍力的後腳使出這一擊，所以破壞力驚人。即使是占上風時，為了制服對手，也會把腳跨在對方身上。

要是在打架的時候打輸了，最好馬上帶去醫院檢查。如果體格跟對方一樣，臉或胸部、肩膀可能會受傷；如果是對方比較強，在逃竄的時候多半會讓後腳或屁股等身體的後方部位受傷喔！

◎用嘴巴咬……本來是給對方致命一擊的必殺技，但貓咪幾乎都不這麼做，而是一上火就先咬對方一口再說。由於兩根尖牙的攻擊力很強大，所以很少會百分之百認真的咬下去。

◎舔毛……打架打到一半，貓咪會突然做出這種讓人一頭霧水的行為，不過在勝負難分時，或「忘了為什麼要打架」時，貓咪會各自突然開始舔起毛來。這也帶有從興奮狀態冷靜下來的意味，有時候會直接引導到「那就以平手收場吧」的結論，就此停戰。

◎把肚子露出來……形勢不利的貓咪會把尾巴往肚子的方向捲起來，躺下，向對手露出肚子，表現出「我投降了」的意圖。對貓咪們來說，不會再攻擊擺出這種姿勢的對象是貓咪界的常識。

占據高位的貓咪
打架時果然還是比較占優勢

觀察貓咪打架的時候，最令人感興趣的莫過於：若是實力不相上下的貓咪，平常占據高位的那隻，在打架時就是比較有優勢。即使是過去處於劣勢的貓咪，在經過一場你一拳、我一腳的大戰後，只要能在離開時占上比較高的位置，就有可能從此逆轉形勢。當貓咪淪落到較低的位置，會突然變得膽小起來，改採守勢。

雖然在貓咪打架時可以看到他們平常看不到的樣子，但還是希望他們能適可而止呢！

「這是喜歡？還是討厭？」

直到前一秒都還相親相愛在一起的貓咪，突然進入一觸即發的態勢。同在一屋簷下的貓咪，關係雖然不可思議，卻也很有趣，讓生活中充滿了可吐嘈之處。

對別人的好意完全不感興趣還會視當天的心情賞你一巴掌

人與貓咪的關係既不可思議又很有趣，所以人類才想無時無刻黏著貓咪吧！住在同一個屋簷下的貓咪，其關係更是充滿了令人類難以理解的謎團。

像是在家裡擦身而過的時候，會互聞彼此的味道，以用來代替打招呼，但是人類會覺得：都已經住在一起那麼多年了，實在不用每一次都進行確認吧！光看臉不就知道了嗎？據說貓咪互聞味道是「表示親愛之情的行為」。感情這麼好實在是太好了。然而，有些貓咪還會接著做出令人百思不得其解的行為。像是把鼻子湊到對方的屁股或臉上，然後自顧自的露出認同的表情，明明說聲「再見！」走人就好，不知為何又突然發出威嚇的叫聲，跳來跳去的賞對方一頓貓拳。

不可思議的事還在後頭，因為被打的一方既不生氣，也不害怕，雖然會露出「怎樣啦？」的怪罪表情，卻又馬上回到自己的老位置，悠哉悠哉的舔起毛來。

仔細想想，貓咪這種生物對「陪笑」或「表現善意」一點興趣也沒有，即使是住在同一個屋簷下的貓咪，也會視當時的心情恐嚇對方「別打擾我！」千萬別忘了「貓咪心，海底針」這件事。

「不要出其不意的攻擊我啦！」

貓咪會出拳或出腳攻擊你那雙正從他們身邊走過的腳

「美麗、雍容、優雅，可是忽然又會變成惡魔般殘忍，飼養起來一定很有趣。」——這是作家谷崎潤一郎在關於貓咪的散文裡寫到的一段文字。

文豪果然內行，貓咪縱然再怎麼親人，也不是你想的那麼單純，還是有很多超出我們理解範圍，罩著神祕面紗的部分。所以一起生活的話，肯定會很有趣。

另一方面，據說喜歡狗更勝於貓的川端康成，曾在散文裡寫著：「狗這種生物從來不會對主人感到不耐煩。」這種過於直白的讚美，是不是有辱文豪的威名呢？貓咪就算此刻的心情很好，下一秒也可能會變得很不開心。像是尾巴不小心被踩到時，貓咪會發出非常淒厲的叫聲，以「我要和你絕交！」的態度離開主人身邊。

人類多半無法捉摸貓咪此時此刻的心情，貓咪也不會把主人當成「主人」。當你從貓咪面前經過時，不是腳底突然被絆一下，就是突然被搥一拳，即為最好的證明。而你就算覺得「咦?!（我做了什麼？）」也不得不接受，更是主人＝貓奴最好的證明。因為蠻不講理、不可理喻……也是貓咪的魅力所在。

有人說，故意對從面前走過的主人使絆子，是要主人陪玩的邀請，但為什麼要表現得那麼隱諱呢？這種彆扭的邀請方式還真是令人費解。

「有完沒完啊你！」

貓咪彼此舔毛的行為與其說是表現友好不如說是打招呼

住在同一個屋簷下的貓咪會一面享受日光浴，一面互相幫對方舔毛——真是令人忍不住微笑的畫面啊！

被舔毛的貓咪會陶醉的閉上眼睛，彷彿是母貓一再的幫剛出生不久的小貓舔毛時的幸福記憶又被喚醒了。至於幫忙舔毛的貓咪會用舌頭仔仔細細的從臉和脖子、側腹到屁股和耳朵，把對方的毛舔乾淨、梳整齊。

然而，像這樣和平的時光也可能瞬間就被破壞殆盡。因為被舔毛的貓咪有時會不小心把

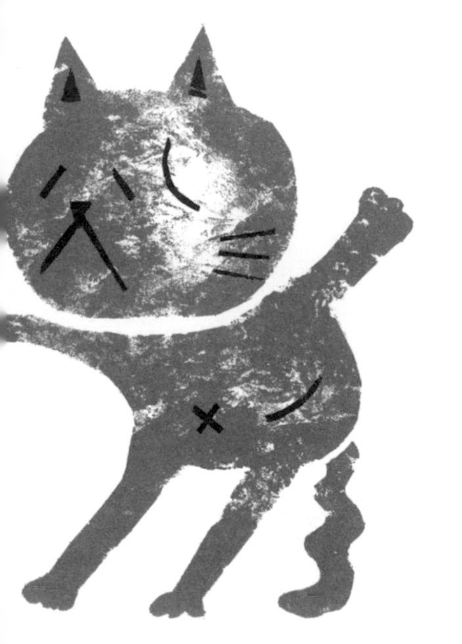

握成拳頭的前腳砸到對方臉上，或者是突然走開。「沒你的事了」的態度雖然很沒禮貌，但比起突然揍對方一拳的過分行為，似乎還算情有可原。

偶爾也能看見養在外面的貓咪和野貓互相舔毛的樣子，不過通常都很快就結束。互舔對方有時是為了「要在對方身上留下自己的味道」，也就是「接受彼此」這種心情的表現。

舔毛有時只是溝通的一環，要是對方舔得太過火，貓咪也會不耐煩，表現出「有完沒完啊你！」的反應。也可能是「雖然很舒服，但你明明就不是母貓，可以不要一直舔嗎？」這麼回事吧！

若仔細觀察，會發現哪一隻是過於熱情的貓咪、哪一隻是逃走的貓咪。有時候甚至會讓主人忍不住想要介入：「差不多該停手了吧？」

「你再看下去就連我也緊張起來了」

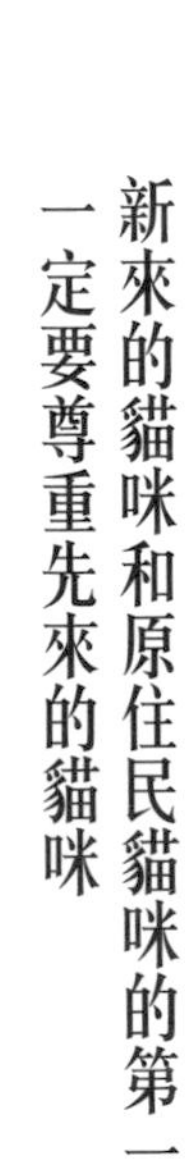

新來的貓咪和原住民貓咪的第一類接觸一定要尊重先來的貓咪

在已有養貓的情況下，因緣際會決定再養一隻貓的話，難免會覺得很興奮吧？可是另一方面又感覺很不安，不曉得能不能跟原本的貓咪和平共處。

由於貓咪是習慣在自己的地盤生活的動物，一旦有外人入侵，第一個念頭會想要排除對方。尤其是從小就被當成心肝寶貝來養的小貓，根本不知道還有其他動物，通常都會徹底對新來的貓咪表現出排斥反應。所以在接新來的貓咪回家時，必須非常慎重的處理他們的第一次見面。基本上一定要尊重先來的貓咪，花

在迎接新來的貓咪回家時，為了不讓原住民貓咪吃醋，不妨比平常更疼愛他吧。在餵食、玩遊戲的時候，請務必要以原住民貓咪為優先。

時間讓他慢慢適應。

絕對不能突然把新來的貓咪放進房間，必須先放在籠子，而且是在遠離原住民貓咪的用餐空間或上廁所的地方。只要放在籠子裡，彼此都很安全，原住民貓咪會遠遠的觀察新來的貓咪，一點一滴放下戒心，逐漸靠近。

第一次見面的反應會因貓咪的性格及年齡而異，也取決於兩隻貓咪是不是投緣。有的原住民貓咪會不假思索的接受新來的貓咪，且很照顧；但有的貓咪則遲遲無法適應，一下子威嚇新來的貓咪，一下子躲進自己的房間裡不出來。不過貓咪畢竟是同類，不消多久就能打成一片了，不需要人類多管閒事。

「明明都是同樣的貓飼料」

家裡如果有貪吃的貓咪，在餵食時也要盯著他們呢！因為不管拉開再多次，他們還是會像磁鐵一樣，牢牢盯著其他貓咪的飯碗。真是完全拿這樣的貓咪沒辦法。

是有多想吃別人碗裡的東西啊？小貓咪的貪吃欲，沒有極限！

同居生活一長，多頭飼養的貓咪感情也會變得比較好。屁股並排專心吃飯的樣子，實在是可愛得不得了。可是，就算是感情再好的貓咪，在吃飯時也會引爆小小的戰爭。

不知道為什麼，明明是把同樣的食物倒進同樣的容器裡，一貓一碗，不多也不少，就是有貓咪會把頭探進別人家的碗檢查，或者是一逮到機會就偷吃隔壁的東西。被打敗的主人就算說：「都是一樣的！你自己碗裡不是還沒吃完嗎？」貓咪還是會用前腳把旁邊的碗拉到自己面前……真是的，到底在搞什麼啊？

碗被搶走的貓咪也會用前腳想要把碗搶回來，但如果是膽子比較小的貓咪，就會眼睜睜的任由碗被搶走，開始舔起前腳的趾縫。

這種搶食、偷吃現象多半都是出現在小貓或年紀很輕的貓咪身上，因食欲太過於旺盛，「我還想多吃一點！連別人的食物也想吃！」這種貪吃欲望會勝過於一切，管他是不是隔壁的碗，只要是在視線範圍內的東西都想吃。通常長大後就會變安分些，所以別跟他計較了。

要準備多隻貓咪的食物固然很麻煩，但是看到貓咪們吃得飽飽的，一臉心滿意足的開始整理起臉蛋四周的毛時，就連主人也會感到很幸福呢！

「拜託不要在上廁所的時候來搗亂啦！」

貓咪想自由自在玩耍也是沒辦法的事但唯獨上廁所時可以不要來打擾嗎

在已經有成貓的家裡，如果又迎來出生2～3個月的小貓，似乎有很多原住民貓咪會被活潑搗蛋又調皮的小貓耍得團團轉，因而感受到壓力。貓咪還小的時候對地盤的認知還很薄弱，管他是原住民貓咪睡覺的地方還是喜歡的玩具，都會擅自當成自己的。有時候還會咬原住民貓咪的尾巴、或者是從桌子上跳下來……總之就是無法無天。

有的貓咪會發揮母性或父性（？），無論受到什麼對待，始終寬容以對，但基本上還是會對小貓展開報復行動（例如把小貓按在地上輕輕啃咬，或對小貓咆哮），一面教導小貓咪世界的規則，一面發洩累積已久的壓力。不過，更傷腦筋的是在上廁所時會一直來搗蛋的小貓。每當原住民貓咪開始抓貓砂，進行前置作業時，從他處聽到聲音的小貓就會飛奔而來。

一旦原住民貓咪把前腳跨在便盆邊，預備就排泄位置，因為毫無防備，所以無法反應。小貓會興高采烈的在周圍走動繞圈，或者是出手干擾，這實在是令人傷透腦筋呢！對好奇心旺盛的小貓而言，不管是貓砂的聲音，還是其他貓咪上廁所的樣子，肯定都很有趣吧！若原住民貓咪是隻老貓，可能還會因為無法順利如廁而造成便祕。主人除了求小貓「拜託不要在上廁所的時候來亂啦！」之外，別無他法。

一旦受到干擾，就連人類也會分心，原本上得出來也變得上不出來了。對於原住民貓咪來說，更是孰可忍，孰不可忍。所以在原住民貓咪上廁所時，請助他一臂之力，把小貓抱走吧。

在暗示些什麼呢？
貓咪的尾巴占卜

交個朋友吧

將尾巴的前端稍微往前彎曲的行為，是貓咪打招呼的表現。看到這種尾巴的那天，或許是暗示即使是和第一次見面的人也能情投意合?!

心情好

當貓咪把尾巴直挺挺的豎起來，通常就是很高興、想撒嬌的時候。只要你能充分的陪他胡鬧，今天一整天都能在平和的氣氛中度過。

《春山醫師的話》
尾巴是貓咪用來表現心情很重要的部位，有時也是為了要引起主人注意，所以請不要忽略貓咪發出的訊息。

興奮期待

當貓咪發現獵物或感興趣的東西時，會微微晃動尾巴。但也可能是停滯不前的事情有了進展，或是一切都進行得很順利的緣故。

心情好＆沉思中

慢條斯理的左右搖擺表示心情放鬆，上下搖擺則是在思考想要做什麼。對你來說，或許也是踏出下一步的好機會也說不定。

心情不好＆放鬆狀態

貓咪不高興時會尾巴左右大幅度搖擺。如果是慢條斯理的搖擺，則代表放心、心情好。人際關係也是這樣，重點在於要見微知著。

垂頭喪氣

身體不舒服、沒精神時，尾巴會垂下來。不妨一面觀察，一面好好的陪伴他一整天吧！看著他恢復的樣子，彷彿自己也被治癒了呢。

《春山醫師的話》
慢條斯理的搖擺方式通常是安心或放鬆的時候。當整條尾巴搖得很劇烈，則多半用來表示不高興或心浮氣躁。

緊張刺激

貓咪在好奇心旺盛、躍躍欲試時，尾巴會水平伸直。如果能站在貓咪的角度，跟他一起對感到有趣的東西表現出興趣，樂趣將會倍增！

好幸福啊！

開心時會將尾巴往前捲成一圈。要是能從心情好的貓咪身上獲得力量，或許生活和工作都能一帆風順呢。

受到驚嚇！

被嚇到，進入備戰狀態的貓咪會把尾巴彎成山形。有的還會緩緩豎起貓毛，讓自己變得大一點。彷彿在昭告天下，今天是攻擊的好時機。

6 種會被貓咪討厭的行為

❶

太黏太煩

當我行我素的貓咪不想被人管的時候，就是不要你理他。要是你一直去煩他，可能會換來一記貓拳……。

❷

不顧貓咪意願

貓咪也不喜歡被人強抱或強迫玩耍。當貓咪沒那個興致時，就算你在他面前揮舞著玩具，他也只會覺得「這個人好煩！」

❸

大聲說話

貓咪希望過著平穩又安心的生活，所以對大聲説話的人會懷有戒心。基本上貓咪都是膽小鬼，光是聲音大一點，就會讓他們感覺受到威脅。

❹

動作太粗魯

走路發出驚天動地的腳步聲、開關門都用甩的……這些動作都會讓貓咪感到膽戰心驚。貓咪也不喜歡突如其來、出乎意料的行為。

❺

沒有注意到貓咪的小暗號

當貓咪對你發出遊戲的邀請、或向你撒嬌時，你卻沒注意到、或者是無動於衷，此舉將得不到貓咪信賴，貓咪也不會把你當回事。

❻

太濃烈的味道

貓咪會在地盤上做記號（沾上味道），所以會對噴了很多香水等、會把自己的味道蓋過去的人敬而遠之。

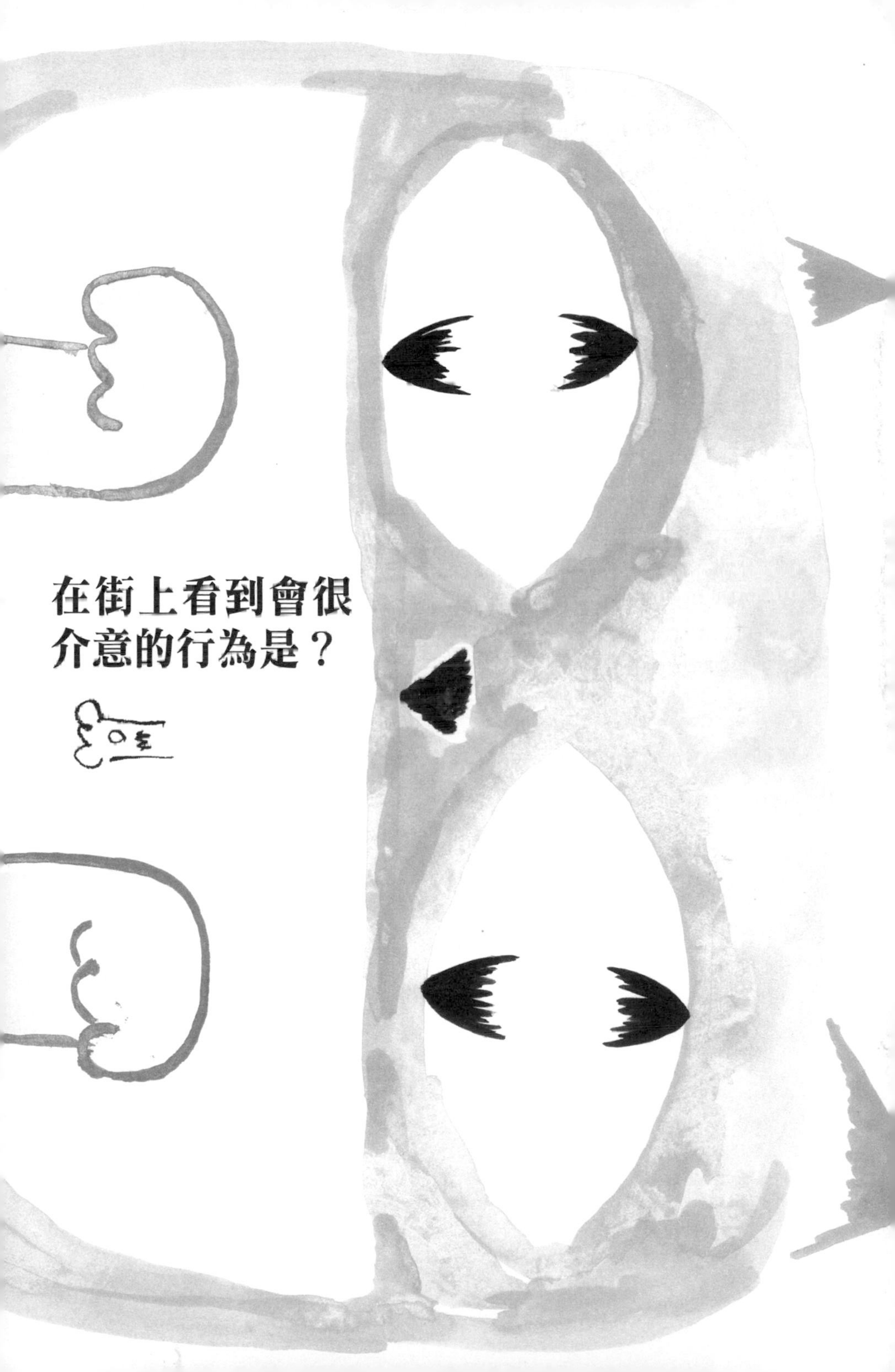

在街上看到會很
介意的行為是？

「今天的議題是什麼？」

自然而然集合，在和諧的氣氛中結束確認附近有哪些成員的「夜間集會」

最近可以自由外出的貓咪或野貓愈來愈少，所以也比較少有機會在街上目擊到貓咪集團。即使如此，每到傍晚或深夜，還是能在巷子裡或公園的一角目擊到貓咪的聚會。沒錯，就是「夜間集會」。

集會的規模從5、6隻到十幾隻貓咪不等，形形色色，共通點是集會時，所有貓咪都會規矩的坐著，既不會有貓咪打架，也不會有製造出喵喵噪音的貓咪。不確定是否有負責主持會議的貓老大，只知道家貓和野貓都混在裡面。至於是為什麼聚會呢？大概是居住在這一帶的貓

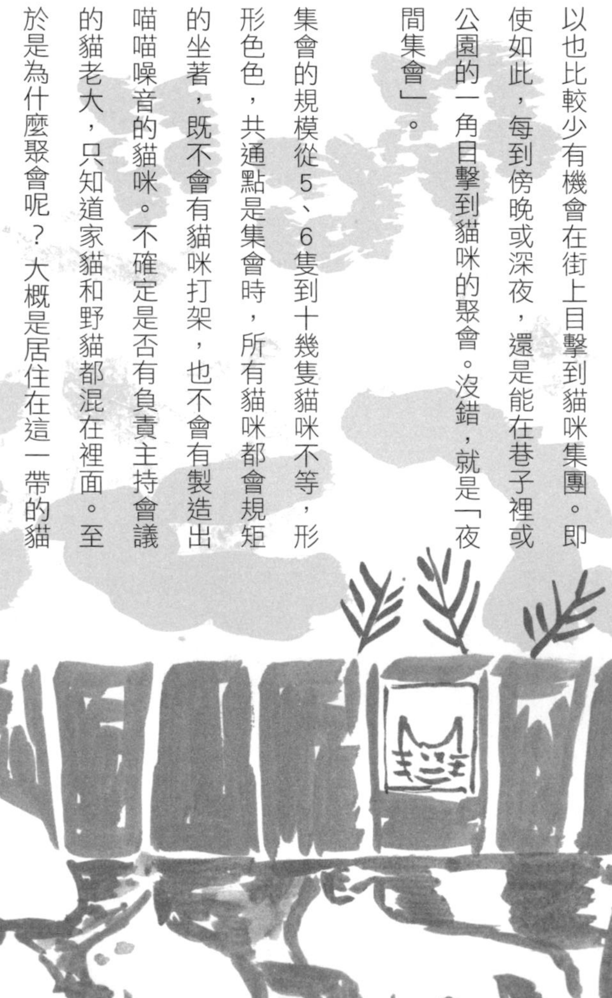

即便是自由參加，但若不常去露個臉，可能會被認為是「那傢伙脫隊了嗎？」而把地盤分給其他貓咪。人類社會也好、貓咪社會也罷，「交際應酬」都非常重要呢！

咪們「為了共同擁有地盤，在不產生爭執的前提下和平相處的見面會」。

貓咪原本是在確保自己地盤的前提下單獨生活的動物，但是隨著與人類一起生活的貓咪與日俱增，地盤無可避免會互相重疊。於是住在同一地區的貓咪就會像這樣時不時的聚在一起，確認彼此的樣貌，似乎還會互相提醒：「這裡的成員都住在同一個社區裡，所以在路上遇到時不可以起爭執喔！」

集會不見得是晚上，也會在清晨或白天舉行，貓咪們自然而然的開始聚會，又自然而然的散會。隨個人意願參加，也沒有什麼特別的議題，好像是非常輕鬆的集會呢！

「你平常都在哪裡睡覺呢？」

即使是隨心所欲的野貓也會找一個可以安心的地方睡覺

野貓或由當地居民們共同照顧的社區貓咪，那種居無定所、隨心所欲生活的樣子固然讓人有點羨慕，但要在外面的世界存活是件很不容易的事。據説野貓的平均壽命只有3～4年。

雖然經常看到上述的野貓們一整天在屋頂上享受日光浴、或者是在附近徘徊的身影，但是應該也有人會產生「晚上到底都在哪裡睡覺呢？」的疑問吧！答案雖然依市區、漁港、農村等居住環境而異，但只要是可以擋風遮雨、易於保護自己、其他貓咪也不會來的地方，貓咪在哪兒都可以睡。因為不打算築巢，所以會利用現有的東西，盡可能睡在人類不會靠近的地方。

空房子的屋簷下或走廊上、空調室外機的陰影底下、逃生梯的後面、墓地的草叢裡、已經沒有在使用的儲藏室等等，除了這些地方，有時也能在公園的樹叢裡看見2～3隻貓咪靠在一起睡覺的身影。雖說貓咪本就喜歡狹窄的地方或洞穴等周圍密閉的場所，但對野貓來說，為了自身安全也需要這樣的空間。

因為不會固定在同一個場所睡覺，所以隨著季節遞嬗，會移動到溫暖的地方或涼爽的地方。比起「無家可歸」的淒涼，更讓人感覺到四海皆可為家的剛強呢！

家貓是找出家裡舒適場所的天才，野貓則是找地方睡覺的達人。他們會睡在就連人類也覺得「原來如此啊！」的安全地帶，養精蓄銳。

「你是從什麼時候出現在那裡的？」

被你撿回家的小小生命或許是貓咪之神賜給你的禮物

貓不知道打哪兒來，接著被人撿回家。現在有愈來愈多的貓咪都是在莫名其妙的地方被發現，然後被我們人類飼養。把撿到的野貓帶回家養之後，仔細想想會覺得百思不得其解「那種地方怎麼會有小貓？」「你是從什麼時候出現在那裡的？」簡直就像是從「貓咪國」丟到地球的路邊或草叢裡似的，真是不可思議。

是因為離開父母身邊，不小心迷了路呢？還是被父母故意遺棄在那裡呢？事實上，似乎有很多「離群的貓咪」是在跟隨父母或兄弟們移動的過程中，只有1隻或2隻落單，母貓也沒有

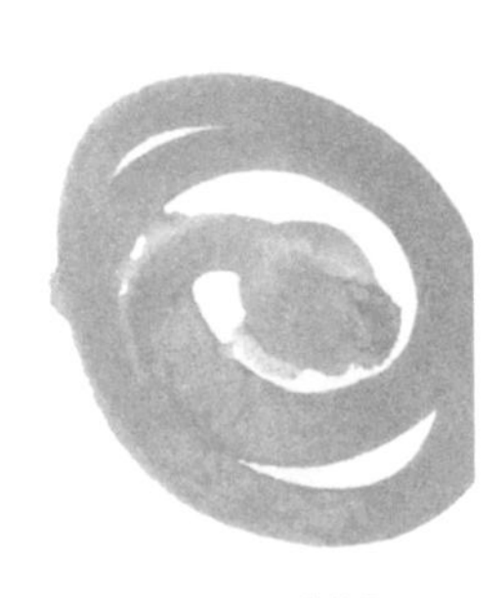

注意到，就自顧自走開了。所以才會經常撿到還掛著兩條鼻涕、體弱多病的小貓。就算丟下體弱多病的孩子離開，在自然界也不是什麼了不起的新聞。

另外，雖然非常罕見，但還是有第一次生育的母貓在生完小貓之後就陷入不想教養的狀態，這麼一來，小貓們似乎就會各自風流雲散。也有的母貓是因為小貓被人用手摸過，沾上那個人的味道以後，因為氣味變得不同，所以母貓認為「這不是我的孩子」，而不再照顧那隻小貓。

與你有緣的貓咪或許是基於以上的偶然，再加上上帝一時的心血來潮，所以才會出現在你面前，是上帝送給你的禮物。

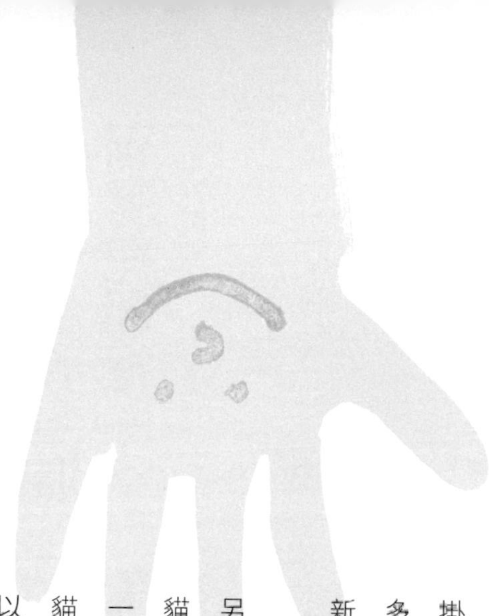

「我早就知道你會來找我了。」貓咪啼叫著，心裡或許正這麼想也說不定。

貓咪之神肯定在某個地方注視著一切的發生，希望能促成一段良緣喔！

「你要巡邏的範圍到哪兒呢？」

半徑1～2公里都不成問題吧！這麼想的同時卻有意外的數據

可以自由外出的貓咪每天都走多遠？又做了些什麼呢？

同樣有這個疑問的英國研究團體在50隻可以自由外出的家貓脖子上安裝了特製的項圈和特殊的攝影機，花了一個禮拜的時間，記錄貓咪的行動，整理成2013年的數據。

根據這項數據，得知幾乎所有的貓咪都不會走太遠，真令人意外。大部分公貓都以距離家裡100公尺以內為行動範圍，也就是說，即使是巡邏地盤，也不會走出這個範圍。母貓的行動範

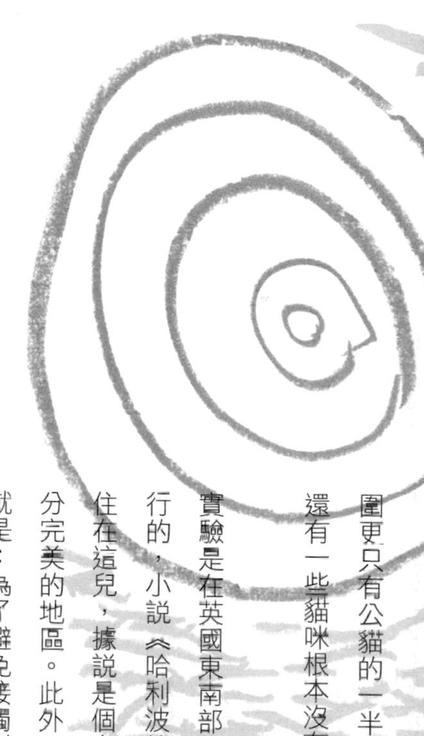

圍更只有公貓的一半，頂多50公尺左右。其中還有一些貓咪根本沒有離開過自家的庭院。

實驗是在英國東南部的「薩里」這個小鎮上進行的，小說《哈利波特》的主人翁也被設定為住在這兒，據說是個市區和自然共存的比例十分完美的地區。此外，還有個有趣的發現，那就是：為了避免接觸到狩獵範圍重疊的貓咪，貓咪們會自己設定時間表，盡量選在不會遇到其他貓咪的時間出門。

出乎意料的事還有一樁——貓咪狩獵的次數竟比想像中少。這50隻貓咪一整個禮拜捕捉到的獵物不到20樣。比起狩獵，似乎更熱衷於溜進別人家裡，偷吃別家貓咪吃剩的食物。看來即使國籍不同，貓咪還是一樣調皮呢！

根據別的數據，流浪貓的地盤範圍平均值如下：母貓半徑262公尺、公貓半徑444公尺。不依靠人類，逕自補充營養的狩獵次數為1天10次，每一次狩獵的時間平均是30分鐘。

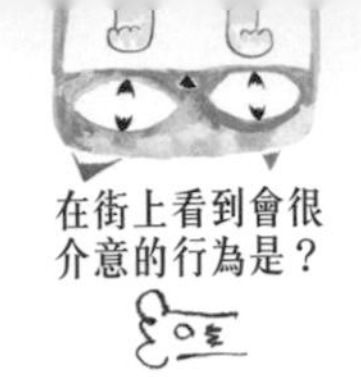

「你願意讓我摸一下嗎？」

想要和野貓當好朋友
可是對方肯不肯讓你摸還是個大問題

在散步的途中看到可愛的野貓，愛貓的你忍不住停下腳步。

有時會悄悄靠近，蹲下來看；有時則是假裝路過，然後一步步靠近。總而言之，想要接近貓咪、想要稍微摸一下是愛貓人的習性。

可是，很少有貓咪會輕易讓人摸。基本上，當人類靠近到2公尺左右，貓咪就會擺出隨時都可以逃跑的姿勢，只要你再靠近一點，就會一溜煙跑掉。話雖如此，但也有些貓咪會願意讓人摸摸他的背或下巴；通常是受到附近居民的

照顧，已經比較習慣人類的貓咪。若你想要不動聲色的接近願意被摸的貓咪，不妨在視線上多下一點工夫。

如果目不轉睛的盯著貓咪看，會讓貓咪覺得受到威脅，所以請不要長時間直視他。待靠近到一定程度後，以類似「我對你才沒興趣呢！」的感覺把視線撇開。壓低姿勢，在接近到2～3公尺以內的距離四目相交，請你主動把視線落在下方，類似低眉斂首的感覺，或也可以慢慢眨眼睛。這麼一來，貓咪會覺得自己占了上風，放下戒心，允許你摸他。

當然，也不是每一次都能成功，畢竟對手是貓咪嘛！

要是遇到願意被摸的貓咪，會滿心喜悅「Lucky！」的享受「撫摸貓咪」的樂趣。但是如果不懂得停手，可能會被貓咪反咬一口喔！也要注意跳蚤的問題。

在街上看到會很介意的行為是？

「你還是要鑽進箱子裡嗎？」

野貓不像可以自由外出的家貓那樣喜歡「箱子」的理由

以下為大家列舉幾個養在外面的貓咪們喜歡的地方。屋頂上、圍牆上、車子的引擎蓋上、曬衣架、逃生梯……這些都是他們睡午覺或曬太陽的地方。在外頭睡覺的時候，似乎還是選擇高處比較放心。

馬路、公園及民宅的庭院、花壇、草叢、沙地……這些是散步路線的一部分，也是偶爾借來上廁所的地方。有的貓咪一旦發現稻科的植物，還會吃葉子。喜歡走在馬路的邊邊，也喜歡尚未鋪上柏油，偶爾還會有蟲出沒的道路。除此之外，也經常躲在停放著的車子底下。

貓咪也喜歡放在外面的「箱子」。一旦發現紙箱或塑膠、保麗龍的箱子，會先仔仔細細聞過一遍，然後再把身體塞進去，露出心滿意足的表情。不可思議的是——會鑽進箱子裡的貓咪以有人養，但是可以自由外出的貓咪占壓倒性多數，野貓反而不太會鑽進箱子裡。

以前人在養貓時還不流行幫他們做結紮或避孕手術，一旦貓咪生下太多小貓，就會把小貓們裝進紙箱裡丟在路邊，甚至放水流，使其變成「棄貓」。

或許野貓們繼承了父母或父母的父母那一代在這方面的記憶，所以才會不太喜歡待在箱子裡也說不定。

時至今日，還是有些缺德的人會把貓咪裝進紙箱裡丟掉。不可原諒！另外，如果要讓家貓自由進出，請務必先接受結紮、避孕的手術，以免懷孕或生病。

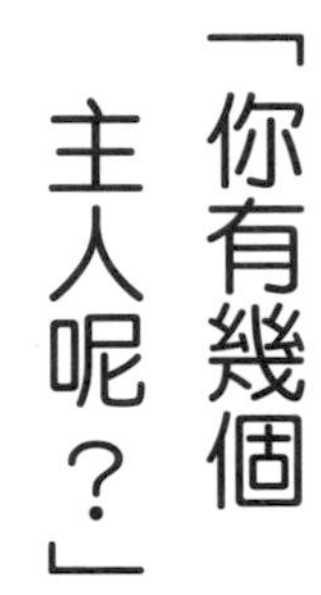

「你有幾個主人呢？」

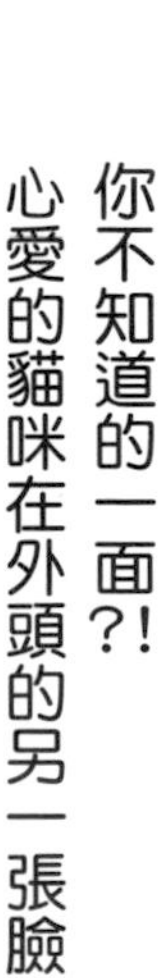

你不知道的一面?! 心愛的貓咪在外頭的另一張臉

「你最近是不是胖啦？」

最近，我們家的貓咪（自由外出）不在家的時間愈來愈長了。回來也不好好吃飯，可是肚子卻圓滾滾的，毛色也很有光澤……。像這種時候，有可能是受到別人家的照顧喔！

可以自由外出的貓咪，除了每天都要做的巡邏地盤功課以外，還很期待能小小探險一番。如果是不怕生的貓咪，會在巡邏途中偷看窗戶沒有關好的人家，或者是隨便闖進別人家的陽台睡午覺。

即使是養在公寓裡的貓咪，有的也會穿過陽台，溜進別人家裡。想當然爾，有的人家不歡迎貓咪靠近，所以身為主人要格外注意。

像這種時候，如果那一戶人家又剛好喜歡貓咪的話，就會說「哎呀！哪裡來的貓咪？」讓貓咪進屋，給他一些吃剩的飯菜或起司魚板。

嘗到甜頭的貓咪會一再上門，雙方愈混愈熟，甚至跟那戶人家的人一起在客廳裡滾來滾去。要是對方給的飯菜比主人給的飼料還要好吃，貓咪就會毫不考慮的賴在這個家裡，待的時間也愈來愈長。

如此這般，聽說「超會裝可愛」的貓咪除了自己家以外，還會有好幾個窩。即使是在你面前難得顯露好臉色的貓咪，到了外頭或許有令你意想不到的另一面也說不定！

「太丟臉了，出不了門」

蹭臉頰的回禮居然是用前腳踢?!
請注意貓咪情急之下的防衛本能

肉球或尾巴等部位固然也令人難以抗拒，不過，貓咪最可愛之處還是在臉上。寶石般的眼睛、濕潤的鼻子、小巧的下巴、動個不停的耳朵……。

「貓科一族是所有動物裡最有膽識的，豹和老虎都美得不得了。但要說到貓科裡最閃亮的明星，還是非貓咪莫屬」——作家谷崎潤一郎是這麼說的。就連追求女性美之極致的文豪，也不得不臣服在貓咪漂亮的臉蛋下。當愛貓抬起他那可愛到不行的小臉蛋看著你時，簡直讓人快融化了，忍不住就想把臉湊上去，蹭蹭他那可愛的小臉。

然而，貓咪會反射性的用前腳抵抗，甚至還會一把抓花你的臉……。雖然他們沒有惡意，但是貓咪的指甲在還沒有修剪時可是相當於凶器呢！而且可以瞬間伸出。要是有刺痛、甚至流血的情況，請立刻消毒。非得出門的時候，雖然很丟臉，但還是貼上OK繃吧！

當公司的同事問你：「你的臉怎麼了？」而你回答：「我想蹭蹭我家貓的臉，結果就被抓了。」同事可能會以為你被貓討厭了。但就算是貓咪很喜歡的人，要是突然硬要摸自己，貓咪還是會出現防衛本能。不妨好好向同事解釋清楚。

養在外面的貓咪因為要爬樹、爬牆，所以最好不要幫他們剪指甲。但如果是完全養在室內的貓咪，可能會因為勾到東西而流血，所以指甲一旦長長，就要幫他們修剪。

「我聞我聞我聞聞聞……你身上有陽光的味道」

似乎有人會因為太愛貓咪，不只是自己養的貓，就連在外面遇到的野貓，也會一個勁兒的湊上去聞。但是請一定要小心，不要把跳蚤或病毒帶回家！

把臉埋進去放肆的嗅聞！或許只有貓咪會讓人想這麼做

一遇到貓咪，就忍不住把臉埋進貓咪的脖子一帶，放肆聞起貓咪身上的味道……。

有人稱這種行為叫「吸貓咪毒」，也有人說「貓咪是用來聞的」，還有愛貓人士成立了這樣的社團。這些愛貓成癡的人類甚至想要吸取貓咪身上那股惹人憐愛的光環，以及令人難以抗拒的貓咪費洛蒙（？）。

即使還不到那個地步，應該也有很多人會想要把鼻子埋進貓咪耳後柔軟的毛裡，心裡想著「啊……這種膨鬆柔軟的感覺真銷魂啊！」

應該有很多人認為貓咪體毛的柔軟程度及厚度、觸感、再加上味道，在在都是最適合一起生活的寵物吧！

貓咪的體毛之所以那麼好摸，祕密就藏在密集生長的雙層毛（45～49頁）裡，因皮膚沒有汗腺、被毛不容易弄髒也是毛色之所以能保持美觀的因素之一。幾乎沒有難聞的氣味，把臉埋進去時，常覺得「有陽光的味道」，也是因為被毛有自然潔淨的作用，再加上頻繁的舔毛，以及貓咪喜歡曬太陽的習性使然。

經常幫愛貓梳毛，視情況為愛貓洗澡或擦身體，可以讓愛貓變得更加漂亮，也可以愛怎麼聞就怎麼聞。

「掉了一根好長的喔！」

據說將長在貓咪臉上的鬍鬚前端連起來，形成的圓形面積就是他可以通過的範圍面積。而眼睛上方的鬍鬚可早一步感應到異物，具有保護眼睛的功能喔！

貓咪的鬍鬚是靈敏度極高的感應器 一旦掉落就會再長出來

當你光腳走在房間裡，感覺腳下好像踩到什麼東西……仔細一看，是貓咪的鬍鬚，還是又長又漂亮的鬍鬚。據說貓咪的鬍鬚在其捕捉獵物時、或者是在黑暗中行動時，都扮演著非常重要的角色，這麼輕易就掉下來不要緊吧？

其實鬍鬚本來就會因為新陳代謝而掉落，而且一旦掉落就會自動再長出來，所以不用擔心。似乎還分成容易掉鬍鬚的貓咪和不容易掉鬍鬚的貓咪，有的主人甚至會把掉下來的鬍鬚當作護身符，放進錢包裡，隨時隨地帶著走。雖然並沒有聽到因此而賺大錢的事蹟就是了。

貓咪的鬍鬚不只長在嘴邊，也長在臉頰和眼睛上方，扮演著各式各樣的感應功能。除了能感應到風向及空氣細微的流動外，還能測量臉與四周的障礙物之間的距離，就連因為獵物的動作所產生的空氣震動，也可以靈敏的捕捉。貓咪在狩獵時，即使飛奔在草叢等狹窄的場所，也不會撞到東西；即使在黑暗中，仍可迅速移動，將獵物一舉成擒。

另外，貓咪的心情也表現在鬍鬚的動作上。當貓咪放鬆時，鬍鬚會自然的往旁邊散開；對什麼東西感興趣或態度很積極時，會往前散開；害怕時，就如同耳朵會往後倒一樣，鬍鬚也會向後倒。貓咪的鬍鬚跟耳朵一樣，都是非常誠實的部位。

前端彎曲的「麒麟尾」貓咪據說能帶來好運

貓咪尾巴前端彎折、或者是有些扭曲的情況稱為「麒麟尾」，多半是雜種的日本貓。以前在野貓的身上也經常可見，但最近已經很少看見了。

這種尾巴很有個性，會讓人覺得很可愛。形狀彎曲的尾巴被視為「能帶來好運」，有這種尾巴的貓咪則被視為可以召喚幸福，受到主人的百般呵護。

尾巴彎曲並不是一種病，也不清楚為什麼會發生。一般認為是長尾種的貓咪和短尾種的

「你明知自己勾到東西了吧！」

貓咪交配後的遺傳，又或者是受到在母貓子宮內胎位的影響所致。想要撒嬌時會把尾巴豎起來，摩蹭對方的身體；快要生氣時則是會大幅度左右搖擺；即使被叫到名字也懶得回應的時候，會抖動尾巴代替回答……諸如此類貓咪特有的情緒體現也因為麒麟尾的關係，看不出什麼變化。

有意思的是，當貓咪在較高架子或外頭的籬笆上睡午覺時，尾巴彎曲的部分會剛好呈現絕妙的角度——一副只要用尾巴勾住，就不會掉下來的模樣。另外，為了沾上自己的氣味而在家具上摩蹭身體時，尾巴的勾勾部分會有一瞬間勾住家具。感覺似乎是明知故犯，但看在他玩得那麼開心的份上，也就不好說什麼了。

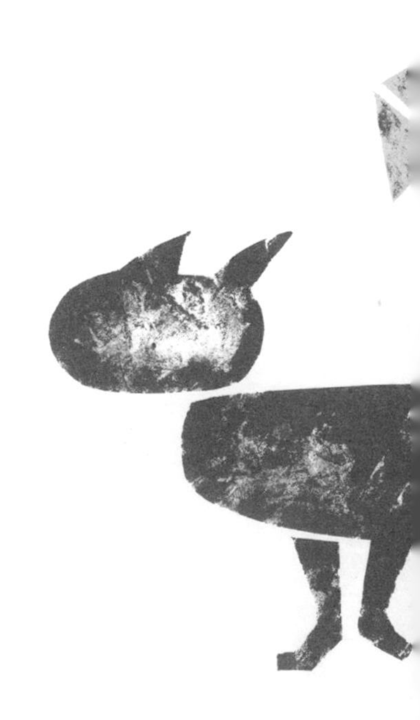

順著背部一路摸到尾巴時，麒麟尾會在最後留下彎曲的觸感。雖然只是一個微不足道的特徵，但摸久了還是會上癮喔！

「你的眼睛真的好漂亮喔！」

射出銳利光芒的魅惑雙眼，可說是貓咪一族的表徵。會將寶石取名為貓眼石的人，或許也是因為迷上貓咪的眼睛吧！

連寶石也被比喻成貓咪的眼睛 在暗夜裡行動的獵物絕逃不過他的法眼

近看貓咪的眼睛，就像寶石一樣，水晶體圓圓的往外凸出，瞳孔會因為周圍光線的不同，時而瞇成一條線、時而圓滾滾。再仔細看，就彷彿要被吸進去似的。

貓咪的眼睛顏色之美，也很吸引人，有綠色或金色、藍色等等。常會聽到「在還是小貓時明明是藍色眼睛，曾幾何時卻變成綠色」的說法，那是因為剛出生不久的小貓眼睛其實都是稱之為Kitten Blue（小貓藍），偏藍或藏青色，等到兩個月大左右，才會慢慢沉澱成本來的顏色。除了暹羅貓及喜馬拉雅貓（由波斯貓和暹羅貓交配生下的長毛種）以外，偶爾也可在白貓身上看到如藍寶石般美麗的藍色眼睛。

貓咪的視力約只有人類的0.3倍，算是大近視，不過他原就是半夜行性動物，黑暗中才能發揮真本事。貓咪的視網膜後有一片稱為絨氈層的反射鏡（因此會在黑暗中發光），能將進入視網膜的光線增幅、傳導到視神經。即使在光線只有人類肉眼可見的1／6暗夜裡也能看見。此外，眼睛在臉上占的比例大，且圓圓的往外凸出，可提升瞬間捕捉到獵物行動的動態視力，讓他擁有「黑暗中的好獵人」之美譽。

「既然這麼厲害，在家裡也發揮一點作用嘛！」讓人忍不住這麼想。

「要吃飯嗎？要上廁所嗎？還是要我摸摸你呢？」

貓咪的叫聲是在對你表示意見 但意味不明的叫聲也太多了吧

貓咪的叫聲有時甜得讓人骨頭都酥了，但有時又很刺耳。他到底在要求什麼呢？你似乎有些明白，又有點不太明白。同居的日子一久，從叫的方式大概就能分辨出是「肚子餓了」還是「貓砂髒了喔」「陪我玩嘛」「讓我坐在你的膝蓋上」之類的意思。不過，除此之外還是有很多意味不明的叫聲。

以下試著對貓咪的叫聲進行大致分類。不過，每個人的感覺可能不太一樣，頂多當作參考用。

◎**打招呼的叫聲……**早上碰面時，或在家裡擦

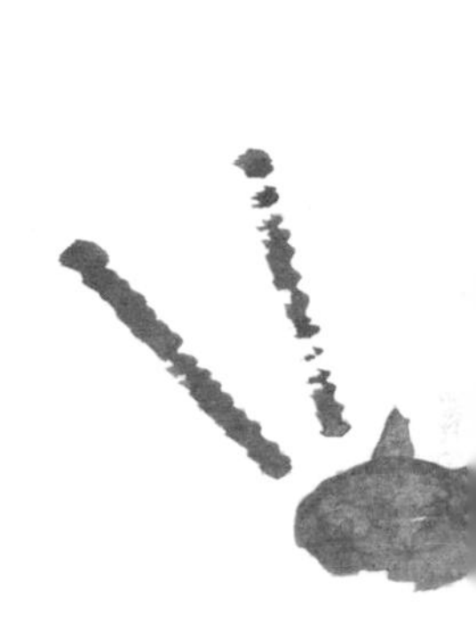

截至目前，已有好幾位動物學的大師或獸醫試圖以「貓語」的方式來解讀貓咪的叫聲。雖然無法完全翻譯成人類的語言，但是如果是當成貓咪的觀察記錄，倒是本很有趣的讀物。

身而過時的喵──、咪──等比較短的聲音。偶爾也會出現在貓咪彼此間的對話中。

◎**要求的叫聲**……有諸如「幫我開門」「給我零食吃」「摸我的臉」等小小心願的時候，咪呀、咿呀等稍微高一點的聲音。

◎**道謝的叫聲**……當上述的要求得到回應時，帶有「謝謝」意味的短促叫聲。比較低沉，聽起來像是哪啊、喵！、哪嗚等等。

◎**高興的叫聲**……當你陪他玩時、或者是有什麼事情很高興時，情不自禁脫口而出的喜悅叫聲。有時對他很好的主人的朋友來家裡玩，還會發出高興的叫聲出去迎接。

◎**抗議的叫聲**……當要求沒有得到回應時，為了表達心中的煩躁，以及「你為什麼聽不懂我說的話（想做的事）？」的憤怒、不滿，含有更強烈要求的叫聲。有時候也會以喵~噢、嗚~啊等比較粗的聲音連續的叫著。

除此之外還有很多無法像這樣分門別類的叫聲，其中肯定也有就連貓咪本身也「不知道為什麼要叫」的叫聲吧！

下巴擅自產生反應「喀喀喀叫聲」的真面目是……

還有個特殊例子，是下巴痙攣似的微微抖動著的叫聲，稱為「喀喀喀叫聲」。似乎是當貓咪看見窗外的小鳥或野貓而感到興奮時，或者是玩具在伸手抓不到的地方被移動，處於「很想痛扁對方一頓卻無能為力」的狀態時，

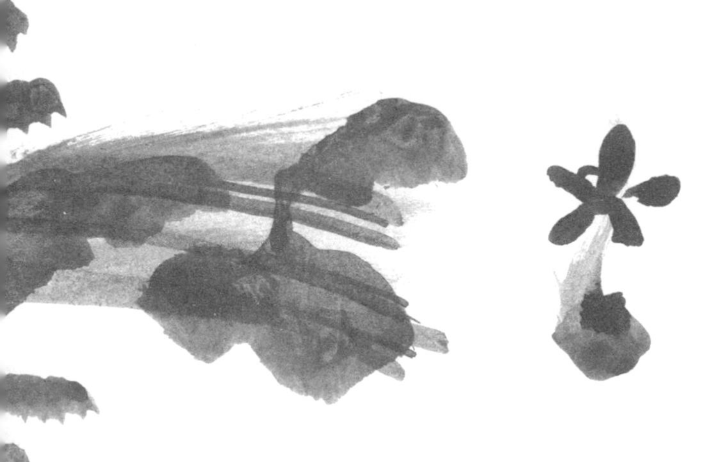

會發出的叫聲。其中也有主人只要一打噴嚏，就一定會做出「喀喀喀」反應的貓咪。有一說指稱這是因為「哈啾！」的摩擦音很像動物發出的「嚇！」這種威嚇聲，所以貓咪才會下意識的產生反應。不過也可能是打噴嚏時發出的聲音含有人類聽不見，但是貓咪聽得見的刺激音頻吧！

依品種及個體而異，有幾乎不會發出叫聲的貓咪；反之，也有一天到晚大鳴大放，令人傷透腦筋的貓咪。一旦變成一整天叫個不停的貓咪，就要擔心是不是壓力太大或生病（甲狀腺機能亢進或老年癡呆症等）了。要是真的太吵鬧，最好還是帶去看醫生吧！

雖然還不到生病的地步，但一旦養成喵喵叫的習慣，變得很吵時，「再吵我就不理你」「關進籠子裡蓋上毛巾」等刺激性的療法有時還挺有效的。

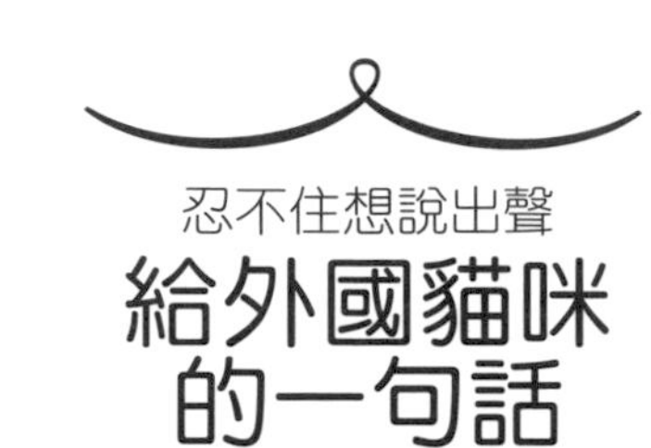

忍不住想說出聲

給外國貓咪的一句話

「站起來我就知道是你了」

【曼基康貓】

也有人稱其為「貓咪界的短腿臘腸狗」，短短的腿是其迷人的特徵，小碎步走路的姿勢可愛得不得了。搞不好如此可愛的效果，也在他們的計算範圍之內。

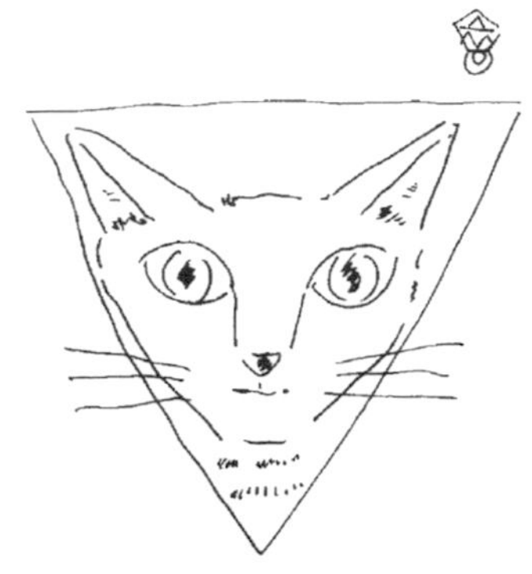

「有人說過你是三角臉嗎？」

【阿比西尼亞貓】

特色在於杏仁形狀的大眼睛以及一根毛上有2~3種顏色漸層的金黃色被毛。雍容華貴的站姿也非常令人著迷。

「你其實長得很健壯吧？」

【喜馬拉雅貓】

由波斯貓與暹羅貓交配生下的品種。從圓滾滾的外表很難想像膨膨的被毛底下長滿了肌肉。

《春山醫師的話》

不同品種的貓咪，其運動量與食量也都不一樣。喜馬拉雅貓雖然體格比較健碩，但卻不太需要運動，反而喜歡安靜的待著。

「今天也以漩渦示人嗎？」

【美國短毛貓】

從肩膀到胸前有著蝴蝶結般的花紋，脖子上則是條紋的項鍊，側腹部還有標靶形的漩渦。毛色琳瑯滿目，聽說多達70種呢。

「真有型的層次剪法呢！」

【緬因貓】

華麗的被毛摸起來十分膨鬆柔軟，長度參差不齊是其特徵。五官長得十分精悍，既聰明又穩重，無論是外表還是性格都大受好評喔！

「下垂的耳朵真令人難以抗拒」

【蘇格蘭摺耳貓】

圓圓的臉和下垂的耳朵超級可愛。不僅如此，既調皮又愛撒嬌的個性也讓他非常受歡迎。外型和性格都這麼出類拔萃，是不是有點狡猾呢？

《春山醫師的話》

緬因貓是貓咪界首屈一指的大型貓，要記得多補充高卡路里、高蛋白質的食物，也要讓他多做運動。

「優雅的身形是你的賣點嗎？」

【俄羅斯藍貓】

獨特的藍色被毛富有光澤，氣質很是高貴。嘴角彷彿永遠都掛著人稱「俄羅斯的微笑」的招牌笑容，也是讓人為之瘋狂的武器呢！

真實存在的貓咪趣聞
佩皮的眼淚

這是一隻名叫佩皮的白色母貓的故事。

佩皮的主人是一位年輕的單身男性，有一天，男性騎摩托車時摔車，膝蓋骨折，必須長時間住院。

被拋下的佩皮整整兩天沒有任何東西吃，一直在等待遲遲不歸的主人。到了第三天，主人的女朋友終於用備用鑰匙開門進屋，給佩皮食物和水。佩皮是第一次見到主人的女朋友，充滿戒心，聽說還拚命的咆哮威嚇。

佩皮原本是被棄養的貓咪，被主人撿回家以後，一起生活了四年，跟主人同居的日子比主人跟女朋友認識的時間還長。

兩個半月後，主人終於出院，回到家時，佩皮儘管欣喜若狂，卻故意鬧彆扭，一直不肯靠近主人的身邊。經過好幾個小時後，主人仰躺著把佩皮拉過來，佩皮便跳上主人的胸口，一個勁兒的舔著主人的臉，似乎還落下了晶瑩的淚水。

「別讓我擔心呀！」

佩皮的眼淚似乎正透露著這樣的吶喊。

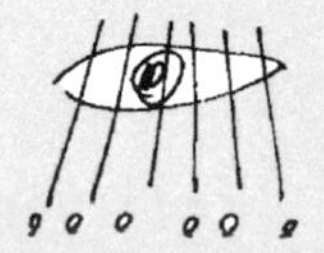

PART3
無論何時
無論何地

「剛吃飽飯，謝絕親親」

替貓咪檢查口腔時，請注意別被咬了。不要硬把愛貓的嘴巴扳開，不妨等到貓咪的心情比較平靜時，再以像是把大拇指和中指從左右兩邊的嘴角伸進去的感覺，將貓咪的嘴巴打開。

充滿魚腥味的嘴巴在你臉上舔來舔去飯後的熱情示好還是謝謝再聯絡吧

即使是幾乎沒有體臭的貓咪，吃飽飯後的口腔裡仍會有各式各樣的味道。要是吃了以魚肉為主的貓罐頭或貓餅乾，當然會有魚腥味，就算在吃飽飯後用前腳仔細洗過臉，味道還是會暫時停留在嘴巴裡。有些貓咪喜歡舔主人的臉和手，但是唯獨在剛吃完飯時敬謝不敏。

不過，也有些主人不討厭貓咪充斥著魚腥味的口腔。貓咪被形容成愛乾淨的動物，幾乎沒什麼動物的體味，就連嗅覺靈敏的人也很難辨別每隻貓咪身上不同的味道。正因為平常幾乎沒有味道，所以每當吃飽飯後的口腔或上完廁所的屁股有一點味道，有些主人反而會很高興的說：「啊！好臭！」「寶貝你好臭！」貓咪固然很不可思議，不過主人的心理也令人難以理解。

不只是飯後，平常如果覺得貓咪口腔裡的味道怪怪的，也可能是口腔發炎或牙齦發炎、齒垢、牙結石等等原因（除此之外也有可能是胃或食道發炎）。

請在光線充足的地方打開貓咪的嘴巴，檢查牙齦或口腔內是否紅腫發炎？牙齒是不是有點黃黃的？有沒有牙結石？一旦發現異常，或者是放心不下的時候，就趁早帶去動物醫院給醫生看。建議接受定期健康檢查，清除牙結石。

「是有那麼喜歡角角嗎？」

一看到角角就想沾上自己的味道突出來處若不大還會咬下去

貓咪會對稍微突出來處、物體的角感到很好奇。不是用臉就是用身體在柱子或牆壁、家具的角上磨蹭，所以常常只有跟貓咪同高的地方會被他蹭得黑黑的。

之所以要把身體蹭上去，主要是為了確認地盤，亦即「沾上自己的味道」，至於摩蹭角角，則似乎是貓咪本來的愛好。貓咪還小時，由於沒什麼地盤的概念，所以比起磨蹭，更喜歡看到什麼就咬。不管是人類的腳趾、紙箱角、玩偶的頭，總之先咬下去再說。小貓無法控制自己想要知道「這是啥東東？」的欲望。

管他是硬的還軟的，只要咬得到的東西都難逃被摧殘的命運。從大衣到新買的包包、心愛書本的一角，都有可能被咬得破破爛爛。只要突出處不大，貓咪一看到就會馬上含進嘴裡，據說是因為連想到母貓乳頭的緣故。

貓咪也有換牙期。小貓從出生3個月後開始掉乳牙，出生後6～9個月左右會全部換成恆齒。亂咬東西也是因為牙齒很癢的關係，同時還有固定牙齒的作用。市面上最近也開始販賣起用來保護牙齒的寵物用牙刷，或用來清潔牙齒的濕紙巾。只要在飯後用打濕再擰乾的紗布等手巾擦拭牙齒的表面，就能達到預防牙結石附著的效果。從小貓時開始養成這個習慣，以後就不用太擔心。

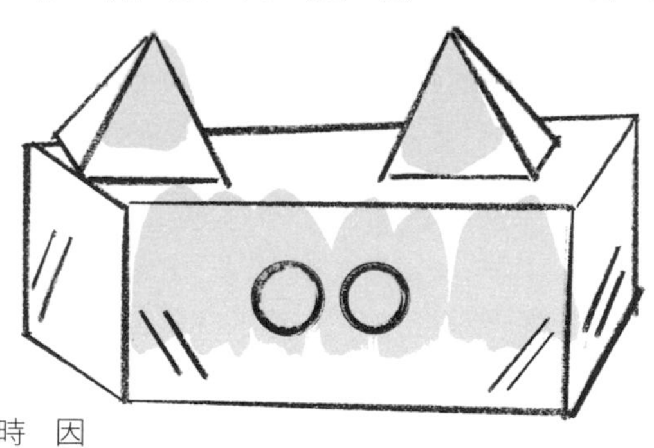

因為大部分的小貓會在吃飯時會把掉下的牙齒也一起吞下去，所以不太容易看到掉落的乳牙，通常也就不會注意到換牙這件事呢！

「早安，今天也容光煥發呢！」

野生時代的貓咪從醒來的那瞬間就得對周圍保持警戒，應該沒有餘力睡眼惺忪的發呆。明明是剛起床眼睛卻炯炯有神，或許正是因為有這樣的過去。

健康的貓咪從早上開始眼睛就炯炯有神　神清氣爽的眼神令人好生羨慕

有的貓咪每天早上都會叫主人起床，從喉嚨裡發出咕嚕咕嚕的聲音，一下用鼻尖摩蹭你的臉，一下用舌頭舔你的鼻子或下巴。大部分的主人都會因為貓咪鬍鬚搔癢的感覺而醒來；用表面粗糙的舌頭進行狂舔攻擊，在叫主人起床的時候也非常有效。還有些貓咪會坐在胸口上「踩來踩去」、或者是在枕頭邊喵喵的叫個不停（強調自己肚子餓了）。

你被吵醒後，睡眼惺忪的走向洗臉台，通常不會想在鏡子裡看到自己剛起床的樣子對吧？然而貓咪從一大早就炯炯有神，頭髮既不會亂翹，也沒有眼屎，看起來超級無敵神清氣爽（但偶爾也有些貓咪在睡完午覺後會一臉呆滯）。健康的貓咪眼睛會閃閃發光，令人印象深刻。

要是貓咪有哪不舒服或營養不良，眼睛裡就會出現一層薄薄的白色「瞬膜」。這在因為受傷或生病而變得虛弱的野貓身上經常可見。

還有，是否有眼屎、毛的光澤度、掉毛程度、皮膚彈性等都可當作是貓咪的日常健康檢查。夏天，當貓咪懶洋洋時，也要確認是否中暑，眼睛有沒有充血、呼吸是否順暢、耳朵會不會發熱、抓起一把皮膚是否能馬上恢復原狀（要是遲遲無法恢復就是脫水症狀）等等。

「對不起，讓你感冒了」

絕不能輕忽貓咪的感冒
尤其是小貓和老貓要特別注意

當貓咪一直打噴嚏，主人就會擔心是不是感冒了。特別是會定期為愛貓洗澡的人，在天冷時，不妨對入浴後的乾燥與保暖多費點心。

貓咪感冒的主要原因，是由皰疹病毒、杯狀病毒和披衣菌等細菌所導致。尤其是出生後2～3個月左右的小貓或體力衰退的老貓，因為免疫力暫時變差，很容易受到病毒的感染，進而感冒。感冒的症狀為流鼻水及打噴嚏、咳嗽、發燒、沒有胃口等，症狀一旦惡化，可能會引起結膜炎。要是感染杯狀病毒症，還會有口內潰瘍、口水變多、口臭更嚴重、胃口不好、體力也變得愈來愈差等情形。

感染的原因通常是不小心接觸到感染病毒或細菌的貓咪鼻水或打噴嚏的飛沫、口水等，也有可能是透過在外面跟受到感染的貓咪有所接觸的主人。所以別忘了，就算是養在室內的貓咪，也無法完全預防感冒。

有的感冒大概只到鼻炎的程度就能自然痊癒。但如果是小貓或老貓、尚未接受預防接種的貓咪，即使症狀很輕微，也有可能會一口氣惡化，變得很嚴重，所以請盡早到醫院接受檢查。由於「三合一疫苗」裡頭含有皰疹病毒、杯狀病毒的疫苗，為了愛貓的健康，請一定要接種。

貓咪如果在小的時候感染病毒性的感冒，即使治好也會變成慢性病，很容易復發，所以請一定要進行預防接種。

#「去是為你好喔！」

即使是精力過於充沛的小貓也要接受定期健康檢查及預防接種

貓咪幾乎都討厭醫院。去醫院那天會拼命掙扎、死都不肯進寵物袋，到了醫院也會試著逃脫，所以可不能大意呢！就算好不容易把貓咪放上診療台，也有的貓咪會因為緊張、不安而失禁。

不過，讓貓咪接受定期健康檢查及預防接種是主人的義務，所以不妨早點找到可以長久照顧愛貓的動物醫院。即使是健康的貓咪，也必須每年固定接受一次定期的健康檢查。基本項目為身體檢查和尿液、糞便檢查，5～6歲以上最好再加上血液檢查。只要事先取得健康

定期健康檢查自不待言，有些醫院還會提供剪指甲或洗澡、暫時寄放的服務等，不妨多加利用。此舉也可以讓貓咪覺得醫院並不是那麼糟糕的地方。

時的數據，就可以透過數值的變化等等，及早發現異常。老貓的話，要增加尿液檢查、血液檢查的次數，若有必要還得接受照超音波或X光線。這方面的重點在於：要好好與獸醫商量，將日期及預算排進年度的計畫裡。

　即使是養在室內的貓咪，也要定期接受「三合一疫苗」的預防接種，以及施打跳蚤、絲蟲病的預防針。如果是可以自由外出的貓咪，除了三合一疫苗以外，最好還能再加上可預防貓白血病病毒感染症、貓披衣菌感染症的「五合一疫苗」等定期接種。由於貓愛滋（貓免疫不全病毒感染症）的預防接種也日漸普及，如果擔心因打架而受到感染，不妨向獸醫仔細請教。

「你是不是愈來愈任性啦？」

我行我素才是貓的本色。只要想成他們是代替我們這些想要為所欲為，卻又辦不到的人類在我行我素，或許就可以原諒他們的任性了。

邁入高齡期應該愈來愈穩重怎麼反而更任性黏人了呢？

「我們從貓咪身上學習到隨心所欲的生存之道。是貓咪教會我們該怎麼做，才能活得隨心所欲又不討人厭。」詩人谷川俊太郎先生寫下了這麼一段話。沒錯，貓咪這種生物既任性、又隨便。人類從以前不是配合著貓咪的任性，就是對貓咪的任性視而不見，保持著適度的距離與貓咪生活至今。

自從貓咪被當寵物來養，嘗到集萬千寵愛在一身的甜頭後，就拿可愛當武器，變得愈來愈任性，而對貓咪百依百順的人也愈來愈多。甚至看到幾乎搞不清誰才是主人的逆轉現象。

近幾年來，貓咪的高齡化也有加速的趨勢，還以為年紀大了，個性會變得比較成熟穩重，沒想到反而變得更加任性妄為。

一天到晚吵著要吃飯，不然就是得寸進尺的表示「我不要這個，拿更好吃的來。」當他坐在你的膝蓋上，如果要他下去，他就會對你投以譴責的眼神……。厚臉皮與黏人的指數與日俱增，要是每個要求都答應，主人可是會疲於奔命的。

如同《論語》所說：「六十而耳順」，人類會隨著年齡增長而變得愈來愈圓融，但貓咪才不吃這一套。不過，或許我們就想看到貓咪這種隨心所欲、自由奔放的樣子也說不定呢！

「你有好好吃飯嗎？」

老貓的「牙齒」非常重要，關乎其能不能好好進食。去醫院做定期健康檢查時，不妨也請獸醫檢查一下口腔。

年紀大了也只要好好的吃飯好好的排泄就可以放心了

以前只要能活到15歲左右，就會被視為長壽的貓咪；然而最近，就算活到20歲也不是啥稀奇的事。當一般人都把貓咪養在室內，在外頭感染到病菌的危險性就會降低，食物的營養價值也得到改善，再加上各式各樣的壓力都減少了等等，據說都是貓咪長壽化的原因。

和老貓一起過著平靜的生活也不錯。明明小時候是個調皮搗蛋的孩子，老了卻變成觀音菩薩似的老婆婆貓咪，還會用尾巴哄來玩的小孩……。真的是年老了才能看到這令人意外的一面。

就算年紀大了，也要盡可能努力的讓貓咪保持健康，這可是主人的使命。尤其以飲食最為重要，健康果然還是建立在飲食之上。人類也一樣，就算變成銀髮族或老人家，只要能好好的吃、好好的拉，基本上就沒問題。換句話說，只要平常的胃口還不錯，大小便也沒有問題，就可以暫時放心。

只不過，明明年事已高，食欲卻異常旺盛、成天吃個不停的話就要注意了。好發於老貓身上的甲狀腺機能亢進，症狀之一就是「暴飲暴食」，但主人可能會因為「有好好吃飯」而掉以輕心，以致未能早期發現。

貓咪一旦年紀大了，平常就得仔細觀察其

進食，也要頻繁檢查其大小便的狀態。除了「暴飲暴食」及「拉肚子、便祕」以外，只要察覺到「食量突然變小了」「明明很有胃口卻變瘦了」「看起來很想吃卻吃不下」等異狀，不要漠然的以為是年紀大的關係，最好早點帶去看醫生，方為上策。

提供符合年齡的食物與健康管理只有主人才能做到

藉由觀察進食和大小便的狀態，也可以了解便祕或拉肚子跟胃口不佳有沒有關係。另外，要是有血尿或頻尿的症狀，則是尿結石（結石堵在膀胱或尿道裡的毛病）或腎功能衰竭等腎臟病的警訊，所以請盡早到醫院接受檢查。對於老貓的主人來說，大小便的檢查就是如此重要的一件事。

若身體並沒有異常，只是單純沒有胃口，也可試著改變飼料種類，或者是親手做一些容易吃又好消化的食物給貓咪。市面上也有很多專門提供給7歲以上、11歲以上等年齡層的寵物食品，高蛋白質、低卡路里的食物不用吃太多就能得到均衡的營養。還有能有效預防貓咪最常罹患的尿結石、膀胱炎等「貓下泌尿道疾病（FLUTD）」的貓飼料，不妨都試試看。

千萬別忘了，只有身為主人的你才能管理貓咪的飲食，注意到貓咪的身體變化及異常！

貓咪就算身體不舒服也不會表現出來，再痛苦都不會向主人求救，所以主人要從平常就仔細觀察貓咪、注意他的變化。

「踏腳台給你」

主人很容易將老貓的運動機能衰退視為「因為年紀大了嘛！沒辦法」。但是，也可能是關節炎或慢性腎臟病等疾病，所以一旦覺得不太對勁，就要帶去醫院檢查。

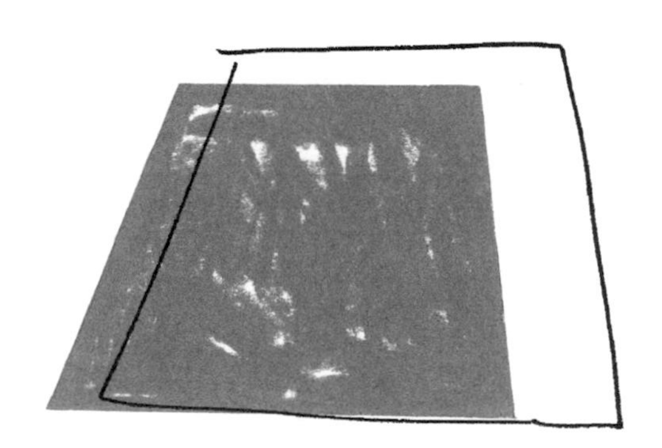

一直以為還是隻小貓
縱然是貓咪也敵不過歲月

爬不上應該爬得上去的地方。以前輕輕鬆鬆就可以跳上去的高度，如今即使把重心放低，試著用力的蹬後腳，也只能放棄跳躍：「這我沒辦法喵！」貓咪的運動能力會隨年紀增長而變差，即使是最喜歡的高處，過了某一天以後就再也無法靠自己的力量爬上去了。

看著這樣的愛貓，你或許會覺得有點悲哀：「你也老了啊！」但是把兩隻前腳並攏端坐著的貓咪並未察覺到你的悲傷，只是目不轉睛的盯著你看，而且還是用往後方傾斜45度的「回眸一笑」角度。

想也知道，貓咪正在對你說：「幫我一下嘛喵！」都擺出這表情了，你就算放下手邊工作，也要幫他把可用來墊腳的東西找出來吧！

只要事先放上高度恰到好處的椅子或箱子，貓咪就會將其當成踏腳台，爬上自己喜歡的地方。

一旦貓咪邁入老年，就會產生各種無法隨心所欲的狀況。最重要的是要給貓咪一個適合其年齡的環境。老貓需要不被任何人打擾，可以安靜過日子的環境，因為想要在熟悉的空間裡優閒的生活，所以最好盡量避免整修房子或搬家。從愛貓開始需要踏腳台的那天起，就要開始為愛貓的「晚年」做準備了。

「你輕了不少呢！」

**或許是老化、或許是生病
過輕的貓咪令人胸口一緊……**

將老貓抱起來時，因為實在太輕了，令人大吃一驚……。如果養貓的時間夠久，多多少少都曾有過這樣的經驗。區區一公斤的體重變化，放在人類身上幾乎感覺不出來，可是體重只有4～5公斤的貓咪，光是少個500克，就可以明顯感覺到變瘦了。

舉例來說，平常體重為5公斤的15歲以上老貓，可能1、2個月間就會一口氣減到3.5公斤或3公斤。原因可能是腎臟方面的疾病，或因為口腔發炎、牙周病等，無法好好進食，也可能是因老化所引起的食欲衰退。即使更換各式各樣的貓飼料，把食物切得碎碎的、或是給他新鮮的生魚片，也還是會有很多老貓幾乎什麼都吃不下。

貓咪以12歲為分水嶺，年紀愈大，每天必須攝取的卡路里反而會上升。萬一瘦得太快，不妨趁早帶去給醫生看，視情況請醫生開些高營養餐或飲食療法的處方。重點在於要好好觀察喝水、排泄的狀況，然後向獸醫報告。假設這樣還是吃不太下，請把所有想得到的方法都試試看，因為要是沒有攝取到最基本所需的養分，貓咪只會愈來愈衰弱。小貓用的牛奶或離乳食、牛奶稀飯、用蒸的雞胸肉、稍微加熱過的鰹魚肉、雞肉或海鮮湯、布丁、無鹽牛油等，都可以試試。

因為知道年輕的他有多貪吃，所以當愛貓吃不下時會擔心，也會很傷心。就算食量變小了，也要把貓飼料換成可以充分攝取到營養的老貓用高卡路里食品。

儘管外表看起來沒什麼變化
大概10歲前後就會開始老化

貓咪的老化現象除了運動能力變差、食量變小以外，還會出現動作變得遲緩，看起來懶洋洋、打瞌睡的時間變長、指甲都不收回去等變化。若你覺得愛貓的叫聲怎麼突然變大了，有可能是因為貓咪的聽力變差了。

老化的進程因貓咪而異，明明已經是老太婆了，但毛色還是很有光澤，看起來就跟年輕時代的美少女沒兩樣的貓咪也屢見不鮮。貓咪也有長壽化的趨勢，不過主人還是要記得配合貓咪的年齡進行健康管理。如果換算成人類的年齡，大致如下一頁所示。

「應該還可以活很久吧！」

貓咪	人類	
2個月	3歲	※第一次預防接種。
6個月	9歲	
1歲	17歲	※1歲半相當於人類的20歲。
2歲	23歲	
3歲	28歲	※公貓正是精力充沛的時期。
4歲	32歲	
5歲	36歲	※接下來每1年相當於4歲。
10歲	56歲	※正式變成老貓。
12歲	64歲	
15歲	76歲	
18歲	88歲	※能活到這個時候就算長壽貓了。

有的貓咪就算年紀大，也還是很有精神，讓人覺得「應該還可以活很久吧！」也有的貓咪會臥病不起，或出現老年癡呆的症狀。所以請好好珍惜每一條生命。

三番兩次吵著要吃飯、沒事也一直叫、在夜裡徘徊、到處上廁所等老年癡呆的症狀，有些狀況跟甲狀腺機能亢進一樣。一旦覺得「好像不太對勁？」最好就要帶去醫院檢查，比較安心。

「你可以不用那麼逞強喔！」

即使大限將至，貓咪也不會表現出痛苦，而是坦然接受壽命走到終點的事實。主人請盡量做到你所能做的，直到最後一刻。

你那用爬的也要爬去上廁所的背影直到最後都還是那麼堅毅凜然

既然要養寵物，就必須負起責任照顧到最後一刻。一旦成為貓咪的主人，總有一天必須眼睜睜的看著愛貓嚥下最後一口氣。我想已經有過類似經驗的人就會知道，貓咪這種動物，直到最後一刻都不會失去貓咪一族的尊嚴，非常堅毅凜然的展開另一段旅程。直到生命走到盡頭為止，貓咪都在為我們上「生存之道」這堂課。

我舉一個例子。即使是因為衰老而變得瘦骨嶙峋，抱在懷中幾乎感覺不到身體有任何力量的貓咪，當他們想要上廁所時，都還會奮力爬出睡覺的地方。明明不在貓砂上如廁也沒關係，明明上在睡覺的地方、甚至上在地毯上都沒關係，但他們還是會拖著孱弱的身體，跌跌撞撞的爬向貓砂。即使主人溫柔的將他抱回睡覺的地方說：「在這裡上就好了喔！」過沒多久，貓咪又會自己爬去上廁所。

這時，可以幫貓咪把廁所移動至睡覺處旁，因為他已無法爬上便盆的邊邊，所以不妨利用紙箱做成斜梯。貓咪會慢慢沿著那個斜梯往上爬，在貓砂上擺出備戰姿勢，稍微休息一下，排出少得可憐的尿，然後再把貓砂撥個兩三下，再用爬的回到睡覺的地方……（當天晚上就上天堂了）。啊，多麼堅毅凜然的貓咪啊！貓咪直到最後一刻都比人類還要有骨氣。

「去吧！謝謝你」

一起度過的那些無可替代的時光
把感謝的心情全都表現在葬禮上

貓咪會在你面前毫不保留的展現出淘氣、可愛、笨拙，讓你打從心底快樂起來。全拜你的存在所賜，我的人生才能過得這麼有滋味……。可是，天下無不散的筵席。

當你坐在心愛貓咪的床前，一想到他即將油盡燈枯，忍不住悲從中來的哭泣，沒想到貓咪最後竟舔了你用來拭淚的手——他應該沒有力氣這麼做了呀！也有些貓咪一直處於昏睡狀態，卻在臨終前一刻睜開眼睛，用蓄滿淚水的眼睛凝視主人，輕輕喵了一聲，隨即溘然長逝。難道是想跟主人說再見嗎？貓咪直到最後一刻

請不要把愛貓的大體停放在家裡太多天，一天到晚哭哭啼啼。早點舉行葬禮，邁向人生的下一個階段也是主人的義務，對吧。

都還是那麼不可思議。與貓咪共同生活的那些日子、那些點滴一輩子都不會忘記。

有壽終正寢、死得非常安祥的貓咪，自然也有因為意外事故或重大疾病而往生的貓咪。無論怎麼去世的，主人都想好好為愛貓辦個葬禮，讓他一路好走。雖說是葬禮，也不一定要委託專門規劃寵物葬體的業者，只要身為主人的你和你的家人能夠哀悼愛貓的死、感謝過去共同生活的時光，以自己能夠接受的方式表達「謝謝你，好好睡吧！」的心情就可以了。

在舉行火葬或土葬前，也可在房間裡親手做一個簡單的神壇，放上貓咪喜歡的玩具或零食，為貓咪守靈。當天夜裡可以盡情哭個痛快。

在委託業者處理後事時請先仔細確認過內容和費用

如果是狗狗，必須在死亡後30天內通知衛生所等相關單位，貓咪則沒有通知的義務[註1]。不過也不能任意掩埋，所以萬一愛貓過世，必須從以下幾種方法中擇一為貓咪處理後事：

❶委託專門處理寵物後事的業者或墓地。
❷委託當地行政機關管轄的火葬場。
❸埋在自己持有的土地上。

最近在都市裡似乎以❶的作法較為常見，不過每家業者的處理方法及費用都不一樣，所以事先收集情報、仔細確認過服務內容後，再選定業者是件很重要的事。

附設有動物墓園的寺廟在舉行葬禮時會誦經，火葬後還可以撿骨，四十九日的法會等等也都很正式。

❷則是視行政機關的規定，每個地方的處理方式都不太一樣。多半都是派清潔車來收，比照一般廢棄物的方式燒掉收費[註2]，所以如果無法忍受，請選擇其他方式。好像也有可以在寵物專用的焚化爐裡進行集團火葬，再跟寺廟簽約，加以埋葬的地方，不妨仔細詢問當地政府機關的負責單位。

❸的前提是一定要埋在自己擁有所有權的土地裡。還要裝在棺材裡以防止腐臭的味道傳出，而且要確實埋進深深的土裡，以免被烏鴉或狗挖出來。葬在主人居住的土地是非常完美的弔唁方式，要掃墓的話也不用舟車勞頓。

註1：此為日本情況，台灣沒硬性規定。若是植有晶片的寵物，應於過世後一個月內，至寵物登記機構辦理死亡註銷。

註2：台灣也有公家機關能處理寵物集體火化事宜，可直接與當地家畜衛生檢驗所或附近動物醫院詢問。

「真是個好孩子呢！」

喪失寵物抑鬱症據說比較容易出現在單獨飼養的主人身上。若貓咪已經走了一個月以上，仍一直感覺到空虛及憂鬱、身體不舒服，就得考慮看心理醫生或精神科醫生。

有相遇就一定會有別離
不要沉溺於過去、調整好心態也很重要

貓咪剛去世的時候，不管是一起生活的房間、還是主人的心裡，都會有一陣子像是開了一個大洞似的難受。平常總待在那個角落的貓咪不在了，總是跟前跟後的貓咪不再到玄關迎接你回家……我們總是要等到失去以後，才會注意到這些細節。才會發現，貓咪光是待在那裡，就已經是一種足以讓幸福感滿溢的存在。

「雖然老是闖禍，但實在有夠可愛。」「真是個好孩子呢！」隨著時光流轉，隨著跟家人或認識的愛貓朋友聊起這些話題，心裡面的那個大洞會慢慢癒合。但是也有人無論經過多久，「我真的不能接受那孩子已經不在了」的失落感反而與日俱增，亦即陷入喪失寵物抑鬱症的狀態。例如失眠沒有胃口、暴飲暴食、憂鬱狀態或呼吸困難、感覺疲勞、身體疼痛等等。

單身或人際關係比較淡薄的人、愛貓成癡的人、和貓咪在一起的時間占了大部分生活的人比較容易罹患喪失寵物抑鬱症。然而，即使是寵物可以陪著你、支持你，但如果太過於依賴寵物，可就本末倒置了。

「真是個好孩子呢！」透過和別人聊天、整理照片，可在心裡慢慢將失去的愛轉化成回憶，慢慢恢復原來的生活。貓咪永遠都活在你的心裡喔！

「還有很多話想對你說」

貓咪彷彿什麼建樹都沒有，只是自由自在的活著。但其實光是存在本身，就教會了人類非常多東西喔！

不可思議的是，跟貓咪一起生活能學到很多關於人生的大道理

自從養了貓以後，就變得有很多話想對貓咪說。這一系列的書都已經出到第二本了，還是講不完呢！另一方面，不只是貓咪，也有很多話想對「喜歡貓咪的人類」說。最後我想以這句話來總結，那就是：「人類幾乎沒有任何東西可以教給貓咪，但是貓咪卻教會我們很多東西」。

簡直讓人有種……所有為了要活下去的重點全都向貓咪請教不就好了嗎？以下隨機舉幾個例子。

- 不會放棄快樂的事、舒服的事。
- 不會拘泥於過去，對未來也沒有期待。
- 很快就忘記之前出的糗。
- 會跟願意提供美食的人變成好朋友。
- 避免自己散發出難聞的氣味。
- 會試著對喜歡的人表現出脆弱的一面。
- 盡可能讓身邊的人感到如沐春風。
- 對於不拿手的事情會跳過。
- 勇於嘗試新的事物。
- 不想做的事不做也無所謂。
- 迷惑的時候就順著本能行動。
- 活著的目的在於被人疼愛。

其實還有很多，不過這次就到此為止。只要能活得像貓咪一樣，應該到哪裡都可以過著幸福的生活。

後記

「貓咪的記憶力可以維持多久」

有一句話是這麼說的：「養狗3天，狗3年都不會忘記這份恩情；養貓3年，貓3天就忘了這件事。」但事實上，貓咪的記憶力到底可以維持多久呢？

根據美國研究團隊的實驗結果指出，狗只要5分鐘就能忘了學過的事，但是貓咪直到16個小時以後都還記得。跟這句俗話相反，貓咪的記性比狗還好，這點也令我為貓咪感到驕傲呢！

我也經常懷疑貓咪的記性是不是真的那麼不好，因為只要跟貓咪一起生活，有太多會讓人感到佩服「你還記得啊！」的事，像是時隔一年把冬天用的床擺好後，貓咪會馬上跳上去；買回只

有秋季限定、貓咪愛吃的食物時，他馬上就能發現；明明距離上次玩躲貓貓已經很久了，卻還記得遊戲規則等等……。

正因為貓咪是這樣的動物，所以就算主人有好幾天不在家（但最多只能３天！）貓咪應該也不會忘記你。就算貓咪在你回來的時候露出類似「這個人是誰來著？」的困惑表情，也會馬上回想起來。

據說貓咪的智商相當於人類的２歲幼兒，也具備卓越的學習能力，一旦經歷過的事就不會輕易忘記。就像本書每一篇的提問一樣，不妨多和貓咪說話，為共同生活的春夏秋冬打造出許許多多愉快的回憶吧。

和我一起說貓話

了解貓咪在想什麼的84種方法

監 修 者 春山貴志
譯　　者 緋華璃

插　　畫 小笠原 徹
文　　字 宮下 真（office M2）
照片提供 塩田正幸
企　　劃 株式會社童夢

發 行 人 程顯灝
總 編 輯 呂增娣
主　　編 李瓊絲、鍾若琦
執行編輯 程郁庭
編　　輯 吳孟蓉、許雅眉、鄭婷尹
美術主編 潘大智
美　　編 劉旻旻、游騰緯、李怡君
行銷企劃 謝儀方

發 行 部 侯莉莉
財 務 部 呂惠玲
印　　務 許丁財
出 版 者 四塊玉文創有限公司

總 代 理 三友圖書有限公司
地　　址 106 台北市安和路 2 段 213 號 4 樓
電　　話 (02) 2377-4155
傳　　真 (02) 2377-4355
E － mail service@sanyau.com.tw
郵政劃撥 05844889 三友圖書有限公司

總 經 銷 大和書報圖書股份有限公司
地　　址 新北市新莊區五工五路 2 號
電　　話 (02) 8990-2588
傳　　真 (02) 2299-7900

製　　版 皇城廣告印刷事業股份有限公司
印　　刷 皇城廣告印刷事業股份有限公司

初　　版 2014 年 12 月
定　　價 新臺幣 250 元
ＩＳＢＮ 978-986-5661-17-5（平裝）

國家圖書館出版品預行編目 (CIP) 資料

喵。和我一起說貓話：了解貓咪在想什麼的84種方法 / 春山貴志作；緋華璃譯 . -- 初版 . -- 臺北市：四塊玉文創 , 2014.12
面； 公分
ISBN 978-986-5661-17-5(平裝)

1. 貓 2. 寵物飼養 3. 動物心理學

437.364　　103023155

【黏貼處】對折後寄回，謝謝。

親愛的讀者：
感謝您購買《貓，請多指教 3：用最喵的方式愛你》一書，為感謝您對本書的支持與愛護，只要填妥本回函，並寄回本社，即可成為三友圖書會員，將定期提供新書資訊及各種優惠給您。

姓名＿＿＿＿＿＿＿＿ 出生年月日＿＿＿＿＿＿＿＿
電話＿＿＿＿＿＿＿＿ E-mail＿＿＿＿＿＿＿＿
通訊地址＿＿＿＿＿＿＿＿
臉書帳號＿＿＿＿＿＿＿＿
部落格名稱＿＿＿＿＿＿＿＿

1 年齡
□ 18 歲以下 □ 19 歲～ 25 歲 □ 26 歲～ 35 歲 □ 36 歲～ 45 歲 □ 46 歲～ 55 歲
□ 56 歲～ 65 歲 □ 66 歲～ 75 歲 □ 76 歲～ 85 歲 □ 86 歲以上

2 職業
□軍公教 □工 □商 □自由業 □服務業 □農林漁牧業 □家管 □學生
□其他＿＿＿＿＿＿＿＿

3 您從何處購得本書？
□博客來 □金石堂網書 □讀冊 □誠品網書 □其他＿＿＿＿＿＿＿＿
□實體書店

4 您從何處得知本書？
□博客來 □金石堂網書 □讀冊 □誠品網書 □其他＿＿＿＿＿＿＿＿
□實體書店＿＿＿＿＿＿＿＿
□ FB（四塊玉文創／橘子文化／食為天文創 三友圖書－微胖男女編輯社）
□好好刊（雙月刊） □朋友推薦 □廣播媒體

5 您購買本書的因素有哪些？（可複選）
□作者 □內容 □圖片 □版面編排 □其他＿＿＿＿＿＿＿＿

6 您覺得本書的封面設計如何？
□非常滿意 □滿意 □普通 □很差 □其他＿＿＿＿＿＿＿＿

7 非常感謝您購買此書，您還對哪些主題有興趣？（可複選）
□中西食譜 □點心烘焙 □飲品類 □旅遊 □養生保健 □瘦身美妝 □手作 □寵物
□商業理財 □心靈療癒 □小說 □其他

8 您每個月的購書預算為多少金額？
□ 1,000 元以下 □ 1,001 ～ 2,000 元 □ 2,001 ～ 3,000 元 □ 3,001 ～ 4,000 元
□ 4,001 ～ 5,000 元 □ 5,001 元以上

9 若出版的書籍搭配贈品活動，您比較喜歡哪一類型的贈品？（可選 2 種）
□食品調味類 □鍋具類 □家電用品類 □書籍類 □生活用品類 □ DIY 手作類
□交通票券類 □展演活動票券類 □其他＿＿＿＿＿＿＿＿

10 您認為本書尚需改進之處？以及對我們的意見？

＿＿＿＿＿＿＿＿

感謝您的填寫，
您寶貴的建議是我們進步的動力！

【黏貼處】對折後寄回，謝謝。

地址：　　　縣/市　　　鄉/鎮/市/區　　　路/街

段　　巷　　弄　　號　　樓

廣　告　回　函
台北郵局登記證
台北廣字第2780號

三友圖書有限公司 收

SANYAU PUBLISHING CO., LTD.

106　台北市安和路2段213號4樓